信盈达嵌入式系统实践系列丛书

ARM Cortex-M4 嵌入式系统开发与实战

王文成　胡应坤
胡智元　吴成宇　编著

北京航空航天大学出版社

内 容 简 介

本书收集整理了作者在 STM32 单片机学习和实践中的经验,由浅入深,带领大家进入 STM32 的世界。

本书共 23 章:第 1~2 章主要介绍本书的实验平台以及 STM32 开发软件的使用和一些下载调试的技巧;第 3~8 章详细介绍了 Cortex-M4 单片机的各个片上外设;第 9~10 章介绍了两大常用通信协议;第 11~22 章详细介绍了在智能锁项目中所用到的各个模块;第 23 章介绍了 ESP32 接入阿里云平台设备。从最简单的内容开始讲解,循序渐进,以智能锁项目为依托进行理论和实践的结合。

本书从工程实践出发,旨在引领读者学会如何在 STM32 单片机的开发设计过程中发现问题、分析问题并解决问题。本书的主要读者为电子、计算机、控制及信息等相关专业的在校学生,从事单片机开发设计的电子工程师,以及所有电子设计制作的爱好者。

图书在版编目(CIP)数据

ARM Cortex-M4 嵌入式系统开发与实战 / 王文成等编著. -- 北京 : 北京航空航天大学出版社,2021.3
ISBN 978 - 7 - 5124 - 3473 - 8

Ⅰ.①A… Ⅱ.①王… Ⅲ.①微型计算机—系统设计 —高等学校—教材 Ⅳ.①TP360.21

中国版本图书馆 CIP 数据核字(2021)第 045009 号

ARM Cortex-M4 嵌入式系统开发与实战

王文成　胡应坤
胡智元　吴成宇　编著
责任编辑　孙兴芳　胡玉娟
*
北京航空航天大学出版社出版发行

北京市海淀区学院路 37 号(邮编 100191)　http://www.buaapress.com.cn
发行部电话:(010)82317024　传真:(010)82328026
读者信箱: emsbook@buaacm.com.cn　邮购电话:(010)82316936
涿州市新华印刷有限公司印装　各地书店经销
*
开本:710×1 000　1/16　印张:20.75　字数:442 千字
2021 年 4 月第 1 版　2021 年 4 月第 1 次印刷　印数:2 000 册
ISBN 978 - 7 - 5124 - 3473 - 8　定价:69.00 元

前 言

这是一本嵌入式系统软件与硬件设计的入门书,主要面向中小型嵌入式应用系统,定位为嵌入式应用技术基础,目的是引导读者学会如何进入嵌入式软件与硬件设计的大门。写这本书的目的是让读者能够更快地掌握 Cortex-M4 的各种功能。在写这本书的前一天,我做了一个关于设备如何精确运行的梦,早上醒来这个梦还清晰地出现在我的脑海中。刚开始的时候只是想让更多的人了解这门技术,后来产生了一连串的想法,想对自己做的东西作一个详细的总结。这本书详细描述了各个知识点以及我从事 Cortex-M4 开发十几年来的开发经验和心路历程,能够让学习 Cortex-M4 的读者减少学习过程中的困惑。本书内容相当丰富,对 Cortex-M4 的技术细节描述非常详细,并且对各个实验效果都有相应的图片进行显示。希望本书能够让更多的技术人员少走弯路,能够更快、更好地掌握这门技术。

第一,嵌入式系统涵盖哪些内容?首先是嵌入式系统的软件和硬件基础。嵌入式系统与硬件紧密相关,没有对硬件的理解就不可能写好嵌入式软件,同样,没有对软件的理解也不可能设计好嵌入式硬件。因此,嵌入式系统基础应包含软件与硬件两方面。其次是理解与应用实时操作系统并在实时操作系统中进行嵌入式软件的开发。最后是嵌入式测试与嵌入式系统软件工程等知识。另外,部分工程师也从 SOC 角度学习嵌入式系统。

第二,如何能够在短时间内且规范地对嵌入式系统入门?嵌入式系统源于计算机在测量与控制系统(简称测控系统)中的应用,因此现代测控系统是典型的嵌入式系统。几乎所有的嵌入式系统都可以简化成一个测控系统模型。初学嵌入式系统时可以测控系统模型为目标对象,其主要内容有通用输入/输出、键盘、液晶显示(LCD)、数码管(LED)、数/模与模/数转换(A/D 与 D/A)、串行通信接口(SCI)、串行外设接口(SPI)、集成电路互联总线(IIC 或 I^2C)、定时器及 PWM 等,还包括 USB、CAN、嵌入式以太网及各种具体应用等。这些是嵌入式系统的软件和硬件基础中的主要内容。对于实时操作系统、嵌入式测试与嵌入式系统软件工程等知识,必须在此基础上进行学习。因此,选择合适的入门书,购买必要的硬件材料,进行各个模块或基本要素的规范编程实践,是对嵌入式系统入门的重要途径。

本书特点：

（1）让读者容易看懂、快速上手实践，符合循序渐进、由浅入深的教学原则。在内容的先后次序与组织形式、知识点安排等方面进行了细致的设计，将实例设计成最能体现基本知识点的形式，使读者尽快入门。在内容安排上，把容易掌握的内容提前，对部分较难理解的内容先用后学。如果作为教学，在课时较少的情况下可以把书中带星号（＊）的部分内容作为讲座内容。

（2）书中及配套的教学资料提供了大量按软件工程规范编写的实例。本书提供的所有源程序，不仅给出了详细规范的中文注释，而且汇编子程序与C语言子函数的设计尽可能满足了"面向硬件对象封装"的要求，按照嵌入式软件工程面向"硬件对象"的规范进行定义。这些都为实际应用提供了良好的基础，同时也使读者一开始就得到规范的编程指导。

（3）体现理论与实践的平衡、通用与具体对象的平衡。在原理阐述方面，主要为应用作基础，立足点在应用。为了体现"通用"，书中把一些基本原理，按照"芯片无关"的方式进行阐述或编程，然后再结合具体芯片进行分析，使读者更好地理解基本原理。

（4）以应用为主线，按照教学特点展开。在内容阐述上，突出如何应用、如何设计与编程，从应用角度理解基本原理。对于一时难以理解的细节，可以从整体上把握，直接使用书中给出的子程序，通过一些应用后逐步理解，主要目的是掌握嵌入式应用的设计方法。

（5）所有源程序都经过初步调试验证。为了使读者能在较短的时间内掌握嵌入式编程基本方法，对于每个基本模块都提供了编程实例，所有实例均为调试通过后移入书中或教学资料中，避免了因例程的书写或固有错误给初学者带来的烦恼。作者在多年的教学与科研实践中深深体会到，对于一款新的MCU，由于编程实例未经验证就写入书中，其中的每一点错误都可能会给初学者带来很大的学习障碍。

（6）结合实际科研开发，增强实用性。书中除了结合基本内容给出实例程序外，还结合实际科研开发，给出了一些应用实例。

（7）将技术难点通过直观的方式体现。所有的实例均设计成可观察运行结果的方式，在未介绍串行通信编程之前的章节时，运行结果采用指示灯方式；介绍串行通信编程之后，将运行结果通过串行口发向 PC，在 PC 相应的程序界面上显示。

本书配套资料包括相关硬件资料、所有实例源程序及教学课件，读者可从 http://www.edu118.cn/或关注公众号免费获取，也可以与作者互动交流。

作　者

2021 年 3 月

目 录

第 1 章

初识 Cortex-M4 处理器

1.1 ARM 处理器简介

1.1.1 ARM 公司发展历程

- 1978 年 12 月 5 日,物理学家赫尔曼·豪泽(Hermann Hauser)和工程师 Chris Curry,在英国剑桥创办了 CPU(Cambridge Processing Unit)公司,主要业务是为当地市场供应电子设备。
- 1979 年,CPU 公司改名为 Acorn 计算机公司。
- 1985 年,Roger Wilson 和 Steve Furber 设计了他们自己的第一代 32 位、6 MHz 的处理器,用它做出了一台 RISC 指令集的计算机,简称 ARM(Acorn RISC Machine),这就是 ARM 这个名字的由来。
- 1990 年 11 月 27 日,Acorn 公司正式改组为 ARM 计算机公司。苹果公司出资 150 万英镑,芯片厂商 VLSI 出资 25 万英镑,Acorn 本身则以 150 万英镑的知识产权和 12 名工程师入股。由于缺乏资金,ARM 做出了一个意义深远的决定:自己不制造芯片,只将芯片的设计方案授权(licensing)给其他公司,由它们来生产。
- 20 世纪 90 年代,ARM 公司的业绩平平,处理器的出货量徘徊不前。
- 进入 21 世纪之后,由于手机的快速发展,出货量呈现爆炸式增长,ARM 处理器占领了全球手机市场。
- 2002 年,ARM 架构芯片的出货量突破 10 亿片。
- 2004 年,Cortex 系列诞生,这是 ARM 公司的大事件,从此该公司不再用数字为处理器命名,它分为 A、R 和 M 三类,旨在为各种不同的市场提供服务。
- 2006 年,全球 ARM 芯片出货量为 20 亿片。
- 2015 年,ARM 基于 ARMv8 架构推出了一种面向企业级市场的新平台标准。此外,他们还开始在物联网领域发力。同年,福布斯杂志将 ARM 评为世界上五大最具创新力的公司之一。
- 2016 年,ARM 被软银收购。

1.1.2 Classic 系列处理器

1. ARM7 系列微处理器

ARM7 于 1994 年推出,是使用范围最广的 32 位嵌入式处理器系列,采用 0.9 MIPS/MHz 的三级流水线和冯·诺依曼结构。ARM7 系列包括 ARM7TDMI、ARM7TDMI-S、带有高速缓存处理器宏单元的 ARM720T。该系列处理器提供 Thumb16 位压缩指令集和 EmbededICE 软件调试方式,适用于更大规模的 SoC 设计。ARM7TDMI 基于 ARM 体系结构 V4 版本,是目前低端的 ARM 核。

2. ARM9 系列微处理器

ARM9 采用哈佛体系结构,指令和数据分属不同的总线,可以并行处理。在流水线上,ARM7 是三级流水线,ARM9 是五级流水线。由于结构不同,ARM7 的执行效率低于 ARM9。基于 ARM9 内核的处理器,是具有低功耗、高效率的开发平台,广泛用于各种嵌入式产品。它主要应用于音频技术以及高档工业级产品,可以运行 Linux 以及 Wince 等高级嵌入式系统,可以进行界面设计,做出人性化的人机互动界面,如一些网络产品和手机产品。

3. ARM9E 系列微处理器

ARM9E 中的 E 就是 Enhance Instrctions,意思是增强型 DSP 指令,说明 ARM9E 其实就是 ARM9 的一个扩充、变种。ARM9E 系列微处理器为可综合处理器,使用单一的处理器内核提供了微控制器、DSP、Java 应用系统的解决方案,极大地减少了芯片的面积和系统的复杂程度。ARM9E 系列微处理器提供了增强的 DSP 处理能力,很适合于那些需要同时使用 DSP 和微控制器的应用场合。

4. ARM10E 系列微处理器

ARM10E 系列微处理器为可综合处理器,使用单一的处理器内核提供了微控制器、DSP、Java 应用系统的解决方案,极大地减少了芯片的面积和系统的复杂程度。ARM9E 系列微处理器提供了增强的 DSP 处理能力,很适合于那些需要同时使用 DSP 和微控制器的场合。ARM10E 与 ARM9ER 的区别在于:ARM10E 使用哈佛结构,六级流水线,主频最高可达 325 MHz,1.35 MIPS/Hz。

5. ARM11 系列微处理器

ARM 公司近年推出的新一代 RISC 处理器,它是 ARM 新指令架构——ARMv6 的第一代设计实现。该系列主要有 ARM1136J、ARM1156T2 和 ARM1176JZ 三个内核型号,分别针对不同的应用领域。ARM11 的媒体处理能力和低功耗特点特别适用于无线和消费类电子产品,其高数据吞吐量和高性能的结合非常适合网络处理应用。另外,ARM11 也在实时性能和浮点处理等方面满足汽车电子应用的需求。

1.1.3 Cortex 系列处理器

ARM 公司在经典处理器 ARM11 以后的产品改用 Cortex 命名,并分成 A、R 和 M 三类,旨在为各种不同的市场提供服务。Cortex 系列属于 ARMv7 架构,由于应用领域不同,基于 ARMv7 架构的 Cortex 处理器系列所采用的技术也不相同,基于 ARMv7A 的称为 Cortex-A 系列,基于 ARMv7R 的称为 Cortex-R 系列,基于 ARMv7M 的称为 Cortex-M 系列。

1. ARM Cortex-A

ARM Cortex-A 系列应用型处理器可向托管丰富 OS 平台和用户应用程序的设备提供全方位的解决方案,以及从超低成本手机、智能手机、移动计算平台、数字电视和机顶盒到企业网络、打印机和服务器的解决方案。

ARM 在 Cortex-A 系列处理器中的大体排序为:Cortex-A77 处理器、Cortex-A76 处理器、Cortex-A76AE 处理器、Cortex-A75 处理器、Cortex-A73 处理器、Cortex-A72 处理器、Cortex-A65 处理器、Cortex-A65AE 处理器、Cortex-A57 处理器、Cortex-A55 处理器、Cortex-A53 处理器、Cortex-A35 处理器、Cortex-A34 处理器、Cortex-A32 处理器、Cortex-A17 处理器、Cortex-A15 处理器、Cortex-A9 处理器、Cortex-A8 处理器、Cortex-A7 处理器和 Cortex-A5 处理器。

2. ARM Cortex-R

ARM Cortex-R 实时处理器为要求可靠性、高可用性、容错功能、可维护性和实时响应的嵌入式系统提供高性能计算解决方案。Cortex-R 系列处理器通过已经在数以亿计的产品中得到验证的成熟技术提供极快的上市速度,并利用广泛的 ARM 生态系统、全球和本地语言以及全天候的支持服务,保证快速、低风险的产品开发。

ARM 在 Cortex-R 系列处理器中的大体排序为:Cortex-R52 处理器、Cortex-R8 处理器、Cortex-R7 处理器、Cortex-R5 处理器和 Cortex-R4 处理器。

3. ARM Cortex-M

ARM Cortex-M 系列处理器是一系列可向上兼容的高能效、易于使用的处理器,这些处理器旨在帮助开发人员满足将来的嵌入式应用的需要。这些需要包括以更低的成本提供更多功能,不断增加连接,改善代码重用,以及提高能效。Cortex-M 系列针对成本和功耗敏感的 MCU 和终端应用(如智能测量、人机接口设备、汽车和工业控制系统、大型家用电器、消费性产品和医疗器械)的混合信号设备进行过优化。

ARM 在 Cortex-M 系列处理器中的大体排序为:Cortex-M55 处理器、Cortex-M35P 处理器、Cortex-M33 处理器、Cortex-M23 处理器、Cortex-M7 处理器、Cortex-M4 处理器、Cortex-M3 处理器、Cortex-M1 处理器、Cortex-M0＋处理器和 Cortex-M0 处理器。

1.1.4 SecurCore 系列处理器

SecurCore 系列处理器专门为安全需要而设计,提供了完善的 32 位 RISC 技术的安全解决方案,因此,SecurCore 系列处理器除了具有 ARM 体系结构的低功耗、高性能的特点外,还具有其独特的优势,即提供了对安全解决方案的支持。SecurCore 系列处理器主要用于一些对安全性要求较高的应用产品及应用系统,如电子商务、电子政务等。SecurCore 系列处理器包含 SecurCore SC300、SecurCore SC000、SecurCore SC100、SecurCore SC110、SecurCore SC200 和 SecurCore SC21。

1. Intel 的 XScale 系列

Intel 的 XScale 源于 ARM 内核,在这个架构基础上扩展,它保留了对以往产品的向下兼容性。在指令集结构上,XScale 仍然属于 ARM 的"v5TE"体系,与 ARM9 和 ARM10 系列内核相同,但它拥有与众不同的七级流水线,除了无法直接支持 Java 解码和 v6 SIMD 指令集外,各项性能参数与 ARM11 核心都比较接近。再结合 Intel 在半导体制造领域的技术优势,XScale 获得了极大的性能提升,它的最高频率可达 1 GHz,并保持 ARM 体系贯有的低功耗特性。

2. Intel 的 StrongARM 系列

在 PDA 领域,Intel 的 StrongARM 和 XScale 处理器占据举足轻重的地位,这两者在架构上都属于 ARM 体系,相当于 ARM 的一套实际应用方案。StrongARM 系列处理器是一款现归于 Intel 旗下的 ARM 公司推出的旨在支持 WinCE3.0-PocketPC 系统的 RISC(精简指令集)处理器。

3. 小知识:RISC 和 CISC 的差别

① RISC 指令较简单,实现特殊功能时效率较低,大量使用通用寄存器;CISC 指令丰富,有专用的指令完成特定的功能,处理特殊任务时效率较高。RISC 易学易用;CISC 结构复杂,实现特殊功能容易。

② RISC 汇编语言需要较大内存空间,实现特殊功能时程序复杂;CISC 汇编语言编程简单,复杂计算容易,效率高。

③ RISC 的 CPU 包含较少的电路单元,面积小,功耗低;CISC 的 CPU 包含丰富的电路单元,功能强,面积大,功耗大。

④ RISC 指令系统的确定与特定的应用领域有关,更适合于专用机,如 ARM;CISC 更适合于通用机,如 Intel、AMD。

1.2 Cortex-M4 处理器简介

Cortex-M 处理器系列旨在使开发人员能够为多种设备创建成本敏感且功耗受限的解决方案。Cortex-M4 是一款高性能嵌入式处理器,旨在满足数字信号控制市场的需求,在数字信号控制市场领域中,我们常常需要将控制和信号处理功能进行高效、易于使用的融合。所以此时使用 Cortex-M4 系列处理器是一个不错的选择。

1.2.1 Cortex-M4 处理器的组成

在具有 ARM Cortex-M4 处理器的典型 SoC(如现成的微控制器)中,包含以下组件:

(1) 数字系统组件

- ARM Cortex-M 处理器;
- AHB 和 APB 总线基础架构组件;
- 数字外围设备,例如 I^2C/I^3C,SPI 接口。

(2) 可选-系统外设

例如:

- DMA(直接内存访问)控制器;
- 加密引擎;
- 用于通信会话密钥的真随机数生成器(TRNG);
- 安全的数据存储;
- 调试身份验证等。

(3) 内 存

- 非易失性存储器(NVM)、例如闪存、OTP(一次性可编程)存储器或 ROM;
- 静态随机存取存储器(SRAM);
- 可选的引导加载程序内存(NVM)。

(4) 可选的模拟组件

在某些应用中,模拟外设有 ADC、DAC、参考电压、欠压检测器和稳压器等。

(5) 无线接口

一些现代 SoC 还包括片上无线接口,例如蓝牙、Zigbee 等。

(6) 系统组成

时钟管理功能:晶体振荡器、锁相环(PLL)。

(7) 其他物理接口

标准单元库、时钟门控和电源门控单元、I/O 接口。

在某些情况下,特殊的外围接口还需要特殊的物理接口,例如 USB I/O 接口(符合电气规范)。

1.2.2 Cortex-M4 处理器的优点

1. 浮点处理实现更多

内置浮点单元(FPU),单精度浮点运算的 10 倍加速可降低功耗并延长电池寿命。结合 ARM 的 CMSIS-NN 机器学习库，Cortex-M4 为电池供电的嵌入式和 IoT 设备带来了高级智能。

2. 添加 DSP 功能

通过在同一处理器中组合控制和信号处理来降低芯片系统成本。集成数字信号处理(DSP)、SIMD 和 MAC 指令简化了整体系统设计以及软件开发和调试。用 C 语言编程，并由丰富的 DSP 函数库支持，简化了信号处理，减少了开发工作，并将 DSP 推向了大众。

3. 更快进入市场，降低设计风险

通过使用部署最广泛的 Cortex-M 处理器之一，降低风险并获得首次成功。凭借其广泛的软件、工具、编解码器和其他 DSP 代码生态系统，可以轻松地在现有软件上构建，从而以更少的精力和更快的上市时间来创建高级嵌入式产品。

1.2.3　Cortex-M4 处理器的应用

- 电机控制；
- 汽车电子；
- 电源管理；
- 嵌入式音频；
- 物联网传感器；
- 工业控制；
- 人工智能与机器学习。

1.3　Cortex-M4 处理器之 STM32 简介

ST(意法半导体集团)宣称，他们基于 Cortex-M4 内核的 STM32F4 系列微控制器是全球性能最强的 Cortex-M 微控制器。归功于强大的 ART 实时加速器，STM32F4 的处理能力远胜于竞争产品，如图 1.3.1 所示。

本书以 STM32F407 系列产品详细描述 Cortex-M4 处理器的使用。

1.3.1　STM32F407 系列芯片简介

STM32F407××系列基于高性能 ARM Cortex-M4 32 位 RISC 在高达 168 MHz 的频率核心操作。Cortex-M4 内核具有浮点单元(FPU)单精度，支持所有 ARM 单精度数据处理指令和数据类型。它还实现了全套 DSP 指令和 1 个内存保护单元(MPU)，从而增强了应用程序的安全性。

STM32F407××系列集成了高速嵌入式存储器(高达 1 MB 的闪存，高达 192 KB 的 SRAM 的闪存)，高达 4 KB 的备用 SRAM 以及与 2 个 APB 连接的广泛的增强型

I/O 和外设总线,3 个 AHB 总线和 1 个 32 位多 AHB 总线矩阵。

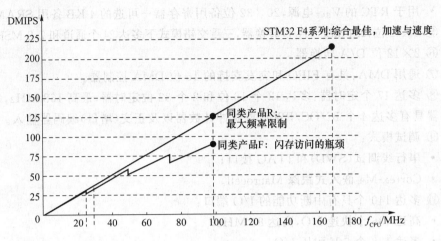

图 1.3.1　**Cortex-M4 处理器同类型产品综合性能比较图**

　　所有器件均提供 3 个 12 位 ADC,2 个 DAC,1 个低功耗 RTC,12 个通用 16 位定时器,其中包括 2 个用于电机控制的 PWM 定时器,2 个通用 32 位定时器。它们还具有标准和高级通信接口。

1.3.2　STM32F407 处理器的组成

　　① 核心:ARM32 位的 Cortex-M4 CPU 与 FPU,自适应实时加速器(ART 加速器)从闪存允许 0 等待状态执行,频率高达 168 MHz,存储器保护单元,210 DMIPS/1.25 DMIPS/MHz(Dhrystone2.1),以及 DSP 指令。

　　② 内存:

- 高达 1 MB 的闪存;
- 高达(192＋4)KB 的 SRAM,包括 64 KB 的 CCM(核心耦合内存)数据 RAM;
- 灵活的静态存储器控制器,支持紧凑型闪存、SRAM、PSRAM、NOR 和 NAND 存储器。

　　③ LCD 并行接口,8080/6800 模式。

　　④ 时钟、重置和电源管理:

- 1.8～3.6 V 应用电源和 I/O;
- POR、PDR、PVD 和 BOR;
- 4～26 MHz 晶体振荡器;
- 内部 16 MHz 工厂调整的 RC(1‰精度);
- 32 kHz 振荡器,用于带有校准的 RTC;
- 具有校准的内部 32 kHz 的 RC;

- 睡眠、停止和待机模式；
- 用于 RTC 的 V_{BAT} 电源，20×32 位备用寄存器＋可选的 4 KB 备用 SRAM。

⑤ 3×12 位，2.4 MSPS A/D 转换器，三重交错模式下多达 24 个通道和 7.2 MSPS。

⑥ 2×12 位 D/A 转换器。

⑦ 通用 DMA：具有 FIFO 和突发支持的 16 位 DMA 控制器。

⑧ 多达 17 个定时器：多达 12 个 16 位和 2 个 32 位定时器，最高 168 MHz，每个定时器具有多达 4 个 IC/OC/PWM 或脉冲计数器以及正交（增量）编码器输入。

⑨ 调试模式：
- 串行线调试(SWD)和 JTAG 接口；
- Cortex-M4 嵌入式跟踪 Macrocell。

⑩ 多达 140 个具有中断功能的 I/O 端口：
- 高达 136 个快速 I/O，高达 84 MHz；
- 多达 138 个 5 V 耐压 I/O。

⑪ 多达 15 个通信接口：
- 多达 3 个 I^2C 接口(SMBus/PMBus)；
- 多达 4 个 USARTs/2UART(10.5 Mb/s，ISO7816 接口、LIN、IrDA 和调制解调器控制)；
- 多达 3 个 SPI(42 Mb/s)，其中 2 个具有复用的全双工 I^2S，可通过内部音频 PLL 或外部时钟实现音频类精度；
- 2 个 CAN 接口(2.0B 有效)；
- SDIO 接口。

⑫ 进阶连线：
- 具有片上 PHY 的 USB2.0 全速设备/主机/OTG 控制器；
- USB2.0 高速/全速设备/主机/OTG 控制器，具有专用 DMA，片上全速 PHY 和 ULPI；
- 具有专用 DMA 的 10/100 以太网 MAC，支持 IEEE 1588v2 硬件，MII/RMII。

⑬ 8～14 位并行摄像头接口速度高达 54 MB/s。

⑭ 真随机数发生器。

⑮ CRC 计算单元。

⑯ 96 位唯一 ID。

⑰ RTC：亚秒级精度，硬件日历。

1.3.3 STM32F407 处理器的应用

- 数据交换；
- 通信设备；

- 医疗保健；
- 安防监控；
- 消费电子；
- 绿色能源；
- 白色家电；
- 家庭娱乐；
- 工业自动化；
- 销售终端设备；
- 建筑安全系统。

1.4 思考与练习

1. Cortex-M4 处理器的最小系统包含哪些部分？
2. Cortex-M4 处理器的常见生产商分别是哪些？

第2章

Cortex-M4 处理器开发过程分析

Cortex-M4 处理器开发过程具有 3 方面，分别是：搭建开发环境、创建项目工程、烧录程序。

2.1 搭建开发环境

对于 Cortex-M4 处理器的开发环境搭建需要以下步骤：安装程序编写与编译软件、注册软件、安装芯片支持包、安装烧录器驱动。

2.1.1 安装程序编写与编译软件

Cortex-M4 处理器的开发软件有很多种，ARM 官网推荐使用 MDK-ARM 这一款软件。根据官网推荐，当前使用该款软件作为开发工具。

安装该款软件工具需要分 2 步：第 1 步获取软件，第 2 步安装软件。

1. 获取 MDK-ARM 软件

（1）进入官网

官网链接：http://www.keil.com/。

（2）进入下载界面

在官网首页有一个 Download 选项，单击该选项即可进入下载界面，如图 2.1.1 所示。

图 2.1.1　进入下载界面选项操作图

在下载界面中有 2 个选项，其中一个是获取软件工具，另一个是获取工程文件。当前需要选择获取软件工具选项，如图 2.1.2 所示。

Overview

Keil downloads include software products and updates, example programs and various utilities you may use to learn about or extend the capabilities of your Keil development tools.

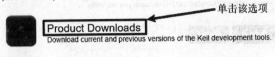
单击该选项

Product Downloads
Download current and previous versions of the Keil development tools.

File Downloads
Download example projects and various utilities which enable you to extend the capabilities of your Keil development tools.

图 2.1.2 选择需要下载的文件类型操作图

（3）选择需要下载的软件

Cortex-M4 处理器属于 ARM 公司设计的处理器，在 MDK 软件中需要获取 MDK-ARM 这一款软件，如图 2.1.3 所示。

Download Products

Select a product from the list below to download the latest version.

选择该选项

MDK-Arm
Version 5.29 (November 2019)
Development environment for Cortex and Arm devices.

C51
Version 9.60a (May 2019)
Development tools for all 8051 devices.

C251
Version 5.60 (May 2018)
Development tools for all 80251 devices.

C166
Version 7.57 (May 2018)
Development tools for C166, XC166, & XC2000 MCUs.

图 2.1.3 选择需要下载的具体文件操作图

（4）输入相关信息获取软件

将软件中涉及的人员信息输入完成，如图 2.1.4 所示。

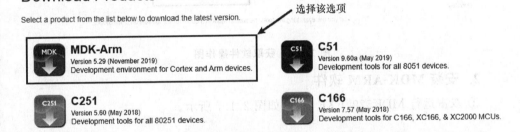

图 2.1.4 填写信息操作图

获取软件下载界面,如图 2.1.5 所示。

图 2.1.5 获取软件下载界面操作图

(5) 单击下载该软件工具

MDK 下载界面如图 2.1.6 所示。

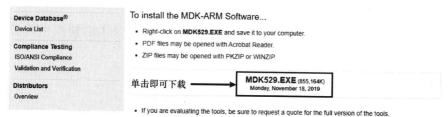

图 2.1.6 获取软件操作图

2. 安装 MDK-ARM 软件

① 双击运行 MDK529.EXE 软件,如图 2.1.7 所示。

图 2.1.7 运行软件操作图

② 安装软件,选择下一步,如图 2.1.8 所示。

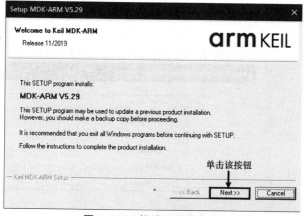

图 2.1.8 软件安装操作图

③ 同意软件安装许可协议,出现软件许可协议,如图 2.1.9 所示。

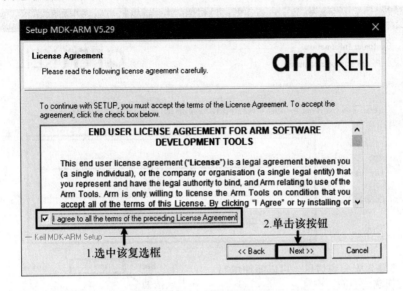

图 2.1.9 同意软件安装许可协议操作图

④ 选择软件安装路径,如果没有特殊要求,可以不修改软件安装路径,如图 2.1.10 所示。

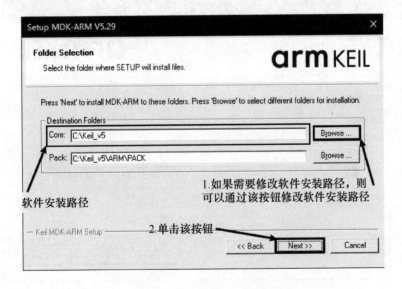

图 2.1.10 选择软件安装路径操作图

⑤ 输入安装者信息,完善安装图标提示信息,如图 2.1.11 所示。

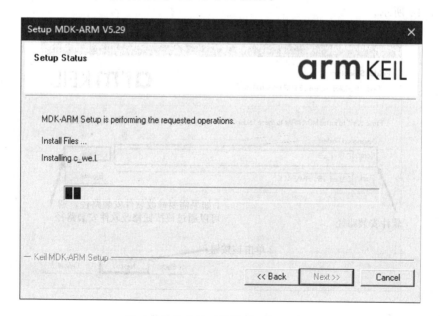

图 2.1.11　输入安装者信息操作图

⑥ 软件正在安装,安装过程如图 2.1.12 所示。

图 2.1.12　软件正在安装过程图

⑦ 安装完成,提示如图 2.1.13 所示。

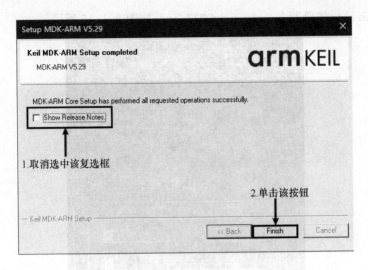

图 2.1.13　软件安装完成操作图

⑧ 完成安装后关闭其他弹出的界面。

2.1.2　注册软件

① 以管理员身份运行桌面上的软件图标(Keil μVision5),操作方法:右击图片,在弹出的快捷菜单中选择管理员身份运行。

② 选择运行软件中的 File 选项,在弹出的选项中选择 License Management,即可弹出一个对话框,如图 2.1.14 所示。

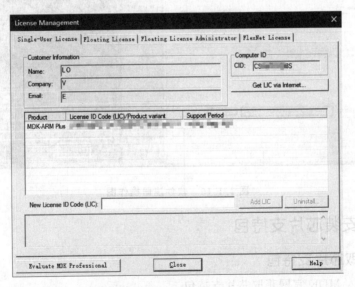

图 2.1.14　查看软件注册界面图

③ 双击运行注册器 keygen_new2032.exe，如图 2.1.15 所示。

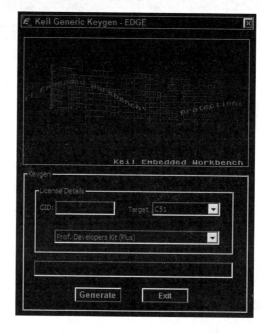

图 2.1.15　注册器运行界面图

④ 注册软件，如图 2.1.16 所示。

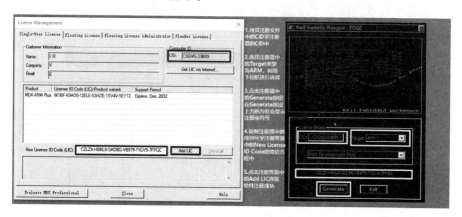

图 2.1.16　软件注册操作图

2.1.3　安装芯片支持包

1. 获取芯片支持包

（1）进入 MDK 官网获取芯片支持包

芯片支持包下载界面链接：https://www.keil.com/dd2/pack/。

（2）选择芯片支持包类型

本书主要从 STM32F407 角度分析 Cortex-M4 处理器，需要下载的芯片支持包是 Keil.STM32F4××_DFP.2.14.0.pack，如图 2.1.17 所示。

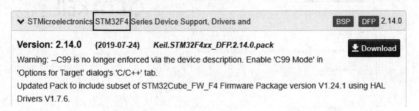

图 2.1.17　芯片支持包选择图

（3）芯片支持包下载

单击 Download 按钮，在弹出的界面中选择 Accept 选项，即可下载芯片支持包，如图 2.1.18 所示。

图 2.1.18　芯片支持包下载操作图

2. 安装芯片支持包

① 双击运行 Keil.STM32F4××_DFP.2.14.0.pack 芯片支持包；

② 选择下一步操作，如图 2.1.19 所示。

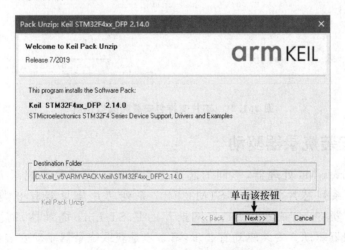

图 2.1.19　安装芯片支持包操作图

③ 芯片支持包正在安装,如图 2.1.20 所示。

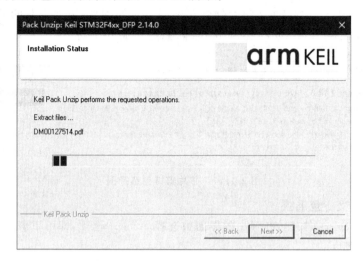

图 2.1.20　芯片支持包正在安装示意图

④ 芯片支持包安装完成,如图 2.1.21 所示。

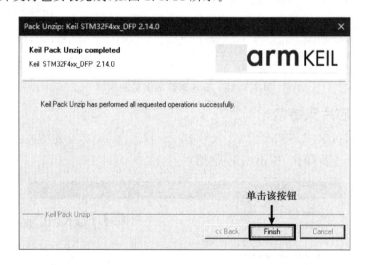

图 2.1.21　芯片支持包安装完成操作图

2.1.4　安装烧录器驱动

对于 Cortex-M4 处理器,不同的芯片生产商有不同的程序烧录方法,这里以 STM32F407 系列芯片为蓝本。STM32F407 系列芯片烧录器有 2 类,第 1 类是 J-Link,第 2 类是 ST-Link。ST 官网推荐的是 ST-Link 烧录器,需要安装的是 ST-Link 烧录器驱动。安装驱动有 2 步:第 1 步是获取烧录器驱动安装包,第 2 步是安装烧录器驱动。

1. 获取 ST-Link 烧录器驱动安装包

① 进入 ST 官网,官网链接为 https://www.st.com/content/st_com/en.html。

② 进入硬件开发工具下载界面,如图 2.1.22 所示。

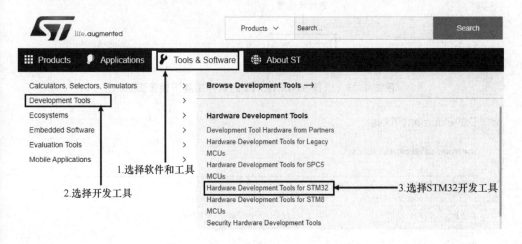

图 2.1.22　进入硬件开发工具下载界面操作图

③ 选择 STM32 硬件开发工具包界面,如图 2.1.23 所示。

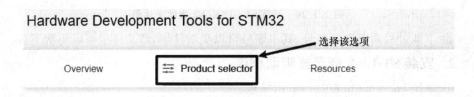

图 2.1.23　选择 STM32 硬件开发工具包操作图

④ 选择 ST-Link 烧录器驱动安装包,如图 2.1.24 所示。

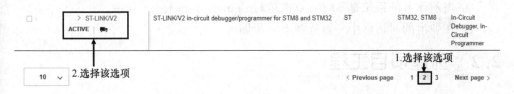

图 2.1.24　选择 ST-Link 烧录器驱动安装包图

⑤ 进入下载驱动包界面,如图 2.1.25 所示,并下载驱动工具,如图 2.1.26 所示。

图 2.1.25 选择 ST-LINK/V2 的软件工具下载界面图

Development Tools

SOFTWARE DEVELOPMENT TOOLS

Picture	Part number ▲	Manufacturer ⇕	Description ⇕
	ST-LINK-SERVER	ST	ST-LINK server software module
	STM32CubeProg	ST	STM32CubeProgrammer software for all STM32
	STSW-LINK004	ST	STM32 ST-LINK utility
	STSW-LINK007	ST	ST-LINK, ST-LINK/V2, ST-LINK/V2-1, STLINK-V3 boards firmware upgrade
	STSW-LINK009	ST	ST-LINK, ST-LINK/V2, ST-LINK/V2-1 USB driver signed for Windows7, Windows8, Windows10

选择该选项

图 2.1.26 下载 ST-LINK/V2 驱动文件图

⑥ 下载过程需要登录账号,其中账号可以免费注册,该文件也可以免费下载。

2. 安装 ST-Link 烧录器驱动程序

① 解压 en. stsw-link009. zip 压缩包。

② 进入 en. stsw-link009 文件夹。

③ 运行驱动程序,对于 x86 系统,安装的是 dpinst_x86. exe;对于 64 位操作系统,安装的是 dpinst_amd64. exe。

④ 当前作者的系统是 64 位,双击运行 dpinst_amd64. exe 程序。

⑤ 在弹出的对话框中一直选择下一步即可。

2.2 创建项目工程

对于 Cortex-M4 处理器,不同厂家的芯片操作有所不同,本书以 STM32F407 系列芯片为例创建项目工程。

STM32F407 系列芯片创建项目工程的步骤如下:

① 从官网获取芯片启动所需的程序代码,并从官网获取芯片标准库函数代码。

第一步,进入官网,官网链接为 https://www.st.com/content/st_com/en.html。

第二步,进入 STM32 高性能处理器选择界面,如图 2.2.1 所示。

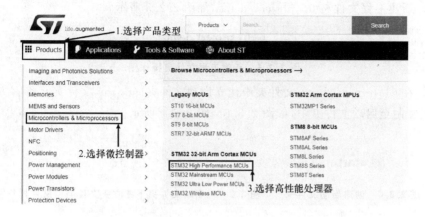

图 2.2.1　进入 STM32 高性能处理器选择界面图

第三步,选择 STM32F4 系列处理器,如图 2.2.2 所示。

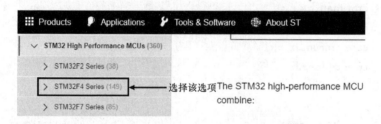

图 2.2.2　选择 STM32F4 系列处理器操作图

第四步,选择 STM32F407 系列处理器,如图 2.2.3 所示。

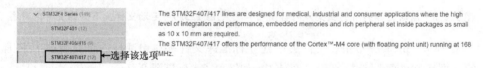

图 2.2.3　选择 STM32F407 系列处理器操作图

第五步,选择启动文件与标准库文件,如图 2.2.4 所示。

图 2.2.4　选择启动文件与标准库文件操作图

第六步,下载启动文件与标准库函数文件

② 新建工程文件夹 01_project_demo,如图 2.2.5 所示。

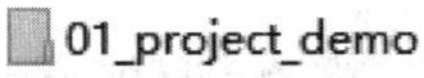

01_project_demo

图 2.2.5 新建工程文件夹操作图

③ 在 01_project_demo 文件夹中建立启动文件夹(startup 文件夹),将官方的启动代码复制至启动文件夹中,如图 2.2.6~图 2.2.9 所示。

startup

inc

src

图 2.2.6 创建启动文件夹 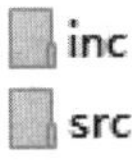　　**图 2.2.7 启动文件夹下建立头文件与源文件操作图**

arm_common_tables.h
arm_const_structs.h
arm_math.h
core_cm4.h
core_cmFunc.h
core_cmInstr.h
core_cmSimd.h
stm32f4xx.h
stm32f4xx_conf.h
stm32f4xx_it.h
system_stm32f4xx.h

startup_stm32f40_41xxx.s
stm32f4xx_it.c
system_stm32f4xx.c

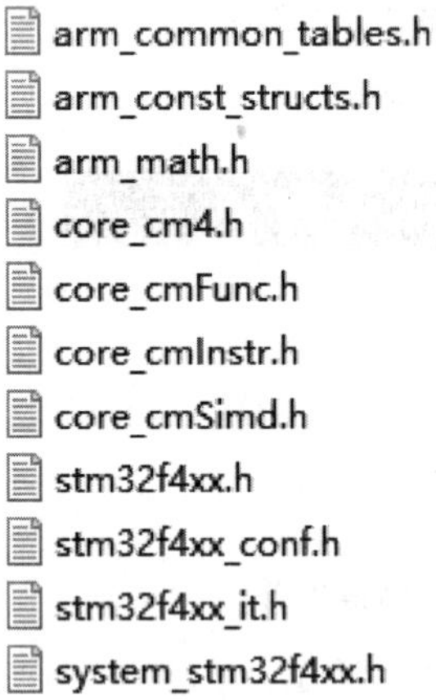

图 2.2.8 启动文件夹下的头文件内容图 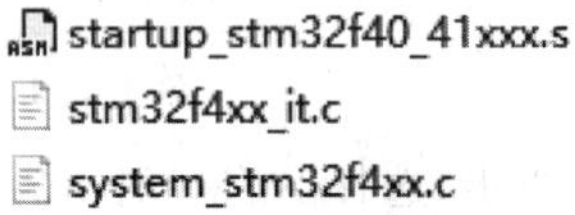　　**图 2.2.9 启动文件夹下的源文件内容图**

④ 在 01_project_demo 文件夹中建立标准库文件夹(std_librares 文件夹),将官方的标准库文件复制至标准库文件夹中,如图 2.2.10 与图 2.2.11 所示。

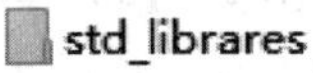

std_librares

图 2.2.10 创建标准库文件夹图

inc

src

图 2.2.11 创建标准库文件夹下的头文件与源文件操作图

⑤ 在 01_project_demo 文件夹中建立开发人员编写的驱动文件夹(user 文件夹),如图 2.2.12 与图 2.2.13 所示。

user

图 2.2.12　创建 user 文件夹操作图

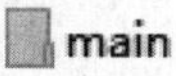

main

图 2.2.13　在 user 文件夹下创建 main 文件夹操作图

⑥ 在 01_project_demo 文件夹中建立工程文件夹（project 文件夹），用于保存工程相关文件，如图 2.2.14 所示。

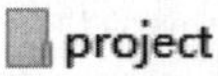

project

图 2.2.14　创建 project 文件夹操作图

⑦ 双击运行 Keil μVision5 软件，在 Project 菜单中选择 New μVision Project 选项，如图 2.2.15 所示。

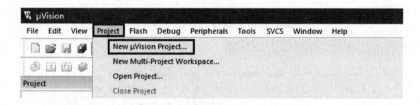

图 2.2.15　创建新的项目工程操作图

⑧ 保存工程至 01_project_demo 文件夹下的 project 文件夹中，如图 2.2.16 所示。

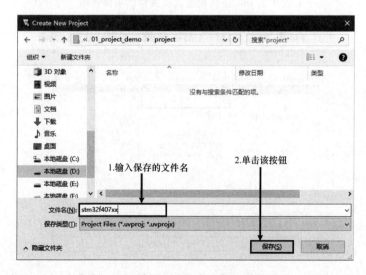

图 2.2.16　保存新建的项目工程操作图

⑨ 选择芯片型号,如图 2.2.17 所示。

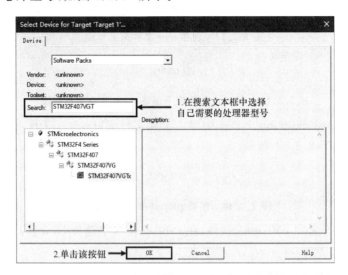

图 2.2.17   选择芯片型号操作图

⑩ 配置工程文件,如图 2.2.18～图 2.2.22 所示。

图 2.2.18   选择配置工程文件选项操作图

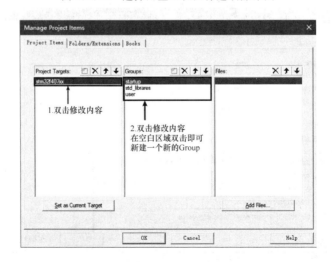

图 2.2.19   配置工程文件的 Target 与 Group 选项操作图

图 2.2.20 添加 startup 的源文件至 startup 的 files 对话框操作图

图 2.2.21 添加 std_librares 的源文件至 std_librares 的 files 对话框操作图

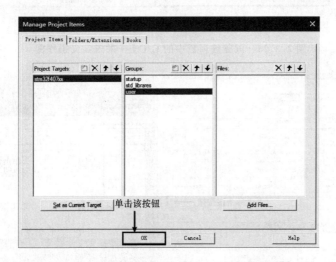

图 2.2.22 关闭添加文件对话框操作图

⑪ 配置编译器,如图 2.2.23~图 2.2.29 所示。

图 2.2.23　选择编译器配置界面操作图

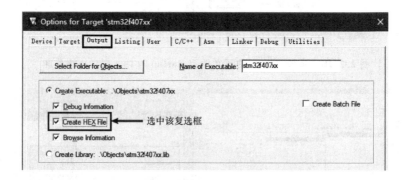

图 2.2.24　配置编译器中的 Output 选项卡操作图

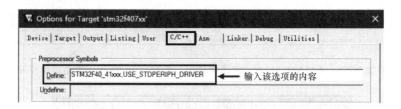

图 2.2.25　配置编译器中的 C/C++的宏定义操作图

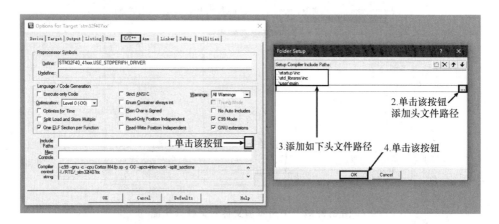

图 2.2.26　配置编译器中的头文件路径包含操作图

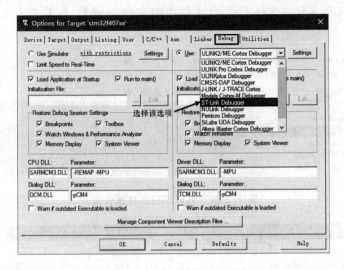

图 2.2.27 配置编译器中的 Debug 选项卡操作图

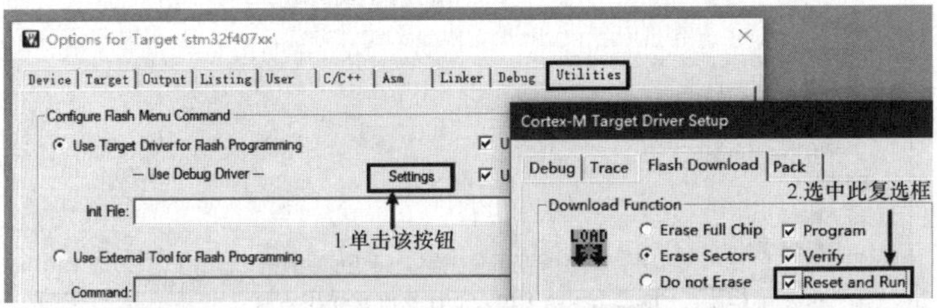

图 2.2.28 配置编译器中的 Utilities 选项卡操作图

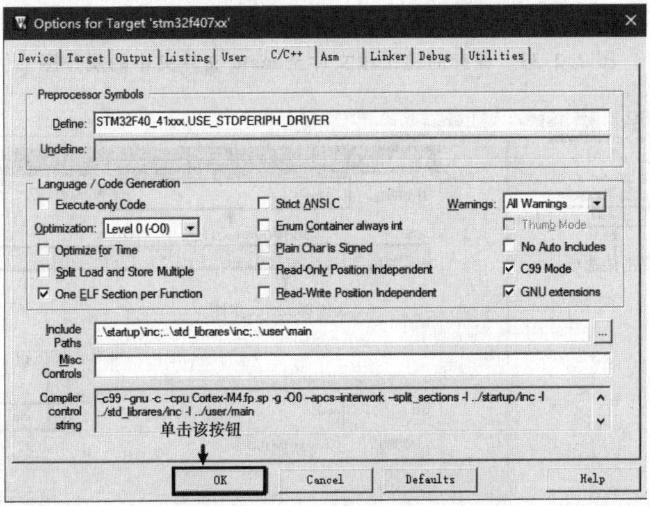

图 2.2.29 关闭配置编译器操作图

⑫ 新建工程文件并保存文件,在文件中编写 main 函数,如图 2.2.30~图 2.2.33 所示。

图 2.2.30 新建工程文件操作图

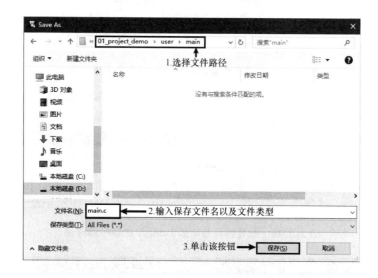

图 2.2.31 保存新建工程文件至 main 文件夹中的操作图

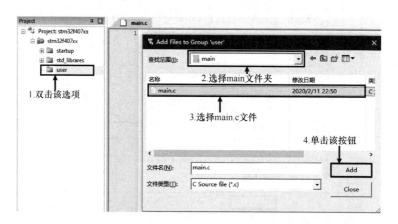

图 2.2.32 添加 main.c 文件至 Group 中的 user 中的操作图

```
main.c
 1  #include "stm32f4xx.h"
 2
 3  int main(void)
 4 □{
 5
 6    while(1)
 7 □  {
 8      |
 9    }
10
11  }
12
13
```

图 2.2.33   编写 main.c 中的文件内容操作图

⑬ 编译工程,修改错误与警告,重新编译,直至编译无错误无警告,如图 2.2.34~
图 2.2.41 所示。

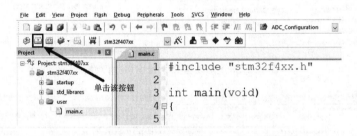

图 2.2.34   单击"编译"按钮编译项目工程操作图

```
Build Output
compiling stm32f4xx_sdio.c...
compiling stm32f4xx_spi.c...
compiling stm32f4xx_syscfg.c...
compiling stm32f4xx_tim.c...
compiling stm32f4xx_wwdg.c...
compiling stm32f4xx_usart.c...
compiling main.c...
".\Objects\stm32f407xx.axf" - 31 Error(s), 0 Warning(s).
Target not created.
Build Time Elapsed:  00:00:36
```

图 2.2.35   查看编译输出内容图

```
30  /* Includes ------------------------------
31  #include "stm32f4xx_it.h"
32  #include "main.h"           2.由于没有main.h文件,删除该行代码
33
34 □/** @addtogroup Template_Project
35  * @{
36  * */
```

```
Build Output
Build started: Project: stm32f407xx
*** Using Compiler 'V5.06 update 6 (build 750)', folder: 'C:\Keil_v5\ARM\ARMCC\Bin'
Build target 'stm32f407xx'
assembling startup_stm32f40_41xxx.s...
compiling stm32f4xx.it.c...                    1.双击第一个错误
..\startup\src\stm32f4xx_it.c(32): error:  #5: cannot open source input file "main.h": No such file or directory
   #include "main.h"
```

图 2.2.36   修改第一个错误操作图

Build Output

```
Build started: Project: stm32f407xx
*** Using Compiler 'V5.06 update 6 (build 750)', folder: 'C:\Keil v5\ARM\ARMCC\Bin'
Build target 'stm32f407xx'
compiling stm32f4xx_fmc.c...          当前芯片中没有FMC这个外设资源，在std_librares中删除该文件
..\std librares\src\stm32f4xx_fmc.c(144): error:  #20: identifier "FMC_Bank1" is undefined
    FMC_Bank1->BTCR[FMC_Bank] = 0x000030DB;
..\std librares\src\stm32f4xx_fmc.c(149): error:  #20: identifier "FMC_Bank1" is undefined
    FMC_Bank1->BTCR[FMC_Bank] = 0x000030D2;
..\std librares\src\stm32f4xx_fmc.c(151): error:  #20: identifier "FMC_Bank1" is undefined
    FMC_Bank1->BTCR[FMC_Bank + 1] = 0x0FFFFFFF;
```

图 2.2.37 修改第二个错误操作图(1)

```
    ⊞ 🗎 stm32f4xx_dsi.c          133  |  *              @arg FMC_Bank1_NORSRAM4: FMC Bank1 NO
    ⊞ 🗎 stm32f4xx_exti.c         134  |  * @retval None
    ⊞ 🗎 stm32f4xx_flash.c        135  |  */
    ⊞ 🗎 stm32f4xx_flash_ramfunc.c 136  void FMC_NORSRAMDeInit(uint32_t FMC_Bank)
    ⊞ 🗎 stm32f4xx_fmc.c          137 ⊟{
    ⊞ 🗎 stm32f4xx_fmpi2c.c         Options for File 'stm32f4xx_fmc.c'...   Alt+F7  (IS_FMC_NORSRAM_BANK(FMC_Bank));
    ⊞ 🗎 stm32f4xx_fsmc.c          Remove File 'stm32f4xx_fmc.c'    选择该选项  NORSRAM1 */
    ⊞ 🗎 stm32f4xx_gpio.c                                                = FMC_Bank1_NORSRAM1)
    ⊞ 🗎 stm32f4xx_hash.c          Manage Project Items...          >BTCR[FMC_Bank] = 0x000030DB;
    ⊞ 🗎 stm32f4xx_hash_md5.c      Open stm32f4xx_fmc.c
    ⊞ 🗎 stm32f4xx_hash_sha1.c     Open Build Log                   NORSRAM2.  FMC Bank1 NORSRAM3 or FMC
```

图 2.2.38 修改第二个错误操作图(2)

Build Output

```
*** Using Compiler 'V5.06 update 6 (build 750)', folder: 'C:\Keil v5\ARM\ARMCC\Bin'
Build target 'stm32f407xx'    该错误是TimingDelay_Decrement函数未定义，这个函数在stm32f4xx_it.c文件使用，修改该文件即可
linking...
.\Objects\stm32f407xx.axf: Error: L6218E: Undefined symbol TimingDelay_Decrement (referred from stm32f4xx_it.o)
Not enough information to list image symbols.
Not enough information to list load addresses in the image map.
Finished: 2 information, 0 warning and 1 error messages.
".\Objects\stm32f407xx.axf" - 1 Error(s), 0 Warning(s).
Target not created.
Build Time Elapsed:  00:00:02
```

图 2.2.39 修改第三个错误操作图(1)

```
142  void SysTick_Handler(void)
143 ⊟{
144  //   TimingDelay_Decrement();    ←   屏蔽该行程序代码即可
145  }
146
```

图 2.2.40 修改第三个错误操作图(2)

Build Output

```
Build started: Project: stm32f407xx
*** Using Compiler 'V5.06 update 6 (build 750)', folder: 'C:\Keil_v5\ARM\ARMCC\Bin'
Build target 'stm32f407xx'
compiling stm32f4xx_it.c...
linking...
Program Size: Code=704 RO-data=408 RW-data=0 ZI-data=1632
FromELF: creating hex file...
".\Objects\stm32f407xx.axf" - 0 Error(s), 0 Warning(s).
Build Time Elapsed:  00:00:02
```

图 2.2.41 输出错误信息图

2.3   烧录程序

烧录程序即将软件编译好的程序代码下载到芯片中。程序下载到芯片中需要以下步骤：

① 将开发板与电源连接好；

② 将 ST-Link/V2 烧录器与开发板与计算机的 USB 口连接好；

③ 单击软件工具中的 Download 按钮,将程序烧录至芯片中,如图 2.3.1 所示。

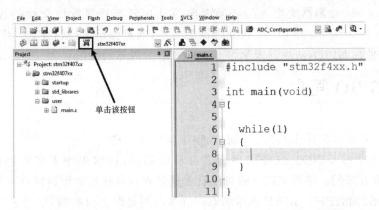

图 2.3.1   程序烧录操作图

2.4   思考与练习

思考:在软件安装的过程中,需要注意的是不能有中文路径;安装好对应的软件之后,需要添加对应的支持包;在开发的过程中选择好对应的芯片。

1. Cortex-M4 处理器开发环境搭建需要准备哪些工作?

2. Cortex-MR 处理器新建项目工程中有哪些注意事项?

第3章

Cortex-M4 处理器使用入门

Cortex-M4 处理器使用入门必须要学习处理器与外界数据交换的接口，俗称 GPIO。本书以 STM32F407 系列处理器为蓝本，通过分析 STM32F407 系列处理器的 GPIO、使用 GPIO，从而进入学习 Cortex-M4 处理器的大门。

3.1 GPIO 简介

GPIO 是什么？GPIO 是芯片输入/输出端口的简称。

如何去学习 GPIO？这是很多读者都有的疑问，在这里作者将告诉读者学习 GPIO 是有方法的。学习 GPIO 的方法就是通过查找处理器的原始资料进行学习。

对于 STM32F407 系列处理器的 GPIO 学习不是漫无目的的，学习 STM32F407 系列处理器的 GPIO 需要有对应的学习资料（芯片数据手册和芯片参考手册、芯片编程手册），而学习资料最好的来源是从官网获取最原始的资料。

3.1.1 由官网下载学习资料

① 进入官网，官网链接为 https://www.st.com/content/st_com/en.html。

② 进入 STM32 高性能处理器选择界面，如图 3.1.1 所示。

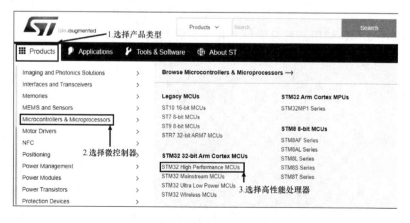

图 3.1.1 进入 STM32 高性能处理器选择界面图

③ 选择 STM32F4 系列处理器,如图 3.1.2 所示。

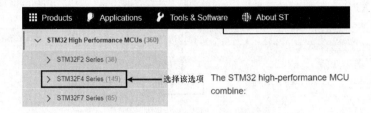

图 3.1.2　选择 STM32F4 系列处理器操作图

④ 选择 STM32F407 系列处理器,如图 3.1.3 所示。

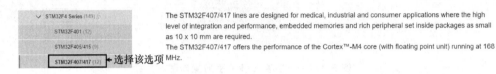

图 3.1.3　选择 STM32F407 系列处理器操作图

⑤ 选择 STM32F407VG 系列处理器,如图 3.1.4 所示。

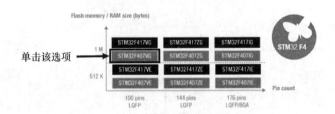

图 3.1.4　选择 STM32F407VG 系列处理器操作图

⑥ 下载官方提供的数据手册。数据手册阐述了芯片的所有信息,简述了芯片结构以及各个部分的信息。在学习该处理器时需要阅读相关信息,如图 3.1.5 所示。

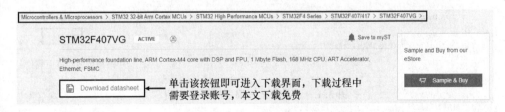

图 3.1.5　下载官方数据手册操作图

⑦ 下载官方提供的参考手册,如图 3.1.6 与图 3.1.7 所示。参考手册详细描述了 STM32F4 系列芯片的各个模块。对每个资源的结构、操作说明等都进行了详细描述,在使用该处理器时需要阅读该手册找到编写程序的方法。

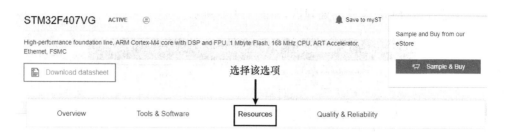

图 3.1.6　进入资料下载界面操作图

图 3.1.7　下载官方参考手册操作图

⑧ 下载官方提供的编程手册。编程手册主要描述的是 Cortex-M4 处理器内核以及 MPU 等内容,详细描述了 Cortex-M4 处理器的内核操作说明,如图 3.1.8 与图 3.1.9 所示。

图 3.1.8　进入资料下载界面操作图

图 3.1.9　下载官方编程手册操作图

3.1.2　STM32F407 的 GPIO 简介

STM32 芯片的 GPIO 引脚与外部设备连接起来,从而实现控制、数据采集以及与外部通信的功能。

STM32 芯片将 GPIO 进行分组编号,每组 16 个引脚,如 GPIOA0～GPIOA15、

GPIOB0～GPIOB15。

STM32F407VGT6 芯片具有 100 个引脚,其中 GPIO 具有 82 个,GPIOA～ GPIOH 接口。每个 GPIO 端口有四个 32 位配置寄存器(GPIOx_MODER、GPIOx_ OTYPER、GPIOx_OSPEEDR 和 GPIOx_PUPDR),两个 32 位数据寄存器(GPIOx_ IDR 和 GPIOx_ODR),一个 32 位置位/复位寄存器(GPIOx_BSRR),一个 32 位 GPIO 锁寄存器(GPIOx_LCKR),两个 32 位复用功能寄存器(GPIOx_AFRH 和 GPIOx_AFRL)。

3.1.3　STM32F407 的 GPIO 特征

- 受控 I/O 多达 16 个(每组有 16 个 I/O 口);
- 输出状态:推挽或开漏＋上拉/下拉;
- 从输出数据寄存器(GPIOx_ODR)或外设(复用功能输出)输出数据;
- 可为每个 I/O 选择不同的速度;
- 输入状态:浮空、上拉/下拉、模拟;
- 将数据输入到输入数据寄存器(GPIOx_IDR)或外设(复用功能输入);
- 置位和复位寄存器(GPIOx_BSRR),对(GPIOx_ODR)具有按位写权限;
- 锁定机制(GPIOx_LCKR),可冻结 I/O 配置;
- 模拟功能;
- 复用功能输入/输出选择寄存器(一个 I/O 最多可具有 16 个复用功能);
- 快速翻转,每次翻转最快只需要两个时钟周期;
- 引脚复用非常灵活,允许将 I/O 引脚用作 GPIO 或多种外设功能中的一种。

3.2　GPIO 的原理分析

3.2.1　GPIO 功能描述

根据数据手册中列出的每个 I/O 端口的特定硬件特征,GPIO 端口的每个位可以由软件分别配置成多种模式,如:

- 输入浮空;
- 输入上拉;
- 输入下拉;
- 模拟输入;
- 具有上拉下拉功能的开漏输出;
- 具有上拉下拉功能的推挽输出;
- 具有上拉下拉功能的推挽复用功能;
- 具有上拉下拉功能的开漏复用功能。

每个 I/O 端口位都可以自由编程,然而 I/O 端口寄存器必须按 32 位字节被访问(不允许半字或字节访问)。GPIOx_BSRR 和 GPIOx_BRR 寄存器允许对任何 GPIO 寄存器的读/更改的独立访问;这样,在读和更改访问之间产生 IRQ 时不会发生危险。

3.2.2 GPIO 框图剖析

设计的框图如图 3.2.1 所示。

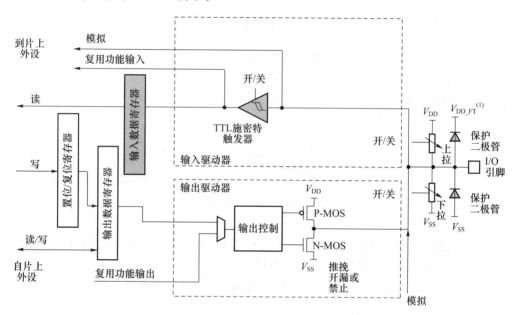

图 3.2.1 GPIO 结构框图

通过 GPIO 结构框图可以深入了解 GPIO 接口外设与各种功能模式。框图中的 I/O 引脚就是芯片引出的引脚,其他部分都属于芯片内部结构。在框图中利用数字符号标注了 GPIO 的不同功能,接下来将逐一分析这些功能。

1. 输入数据寄存器

它的信号是 GPIO 引脚经过上、下拉电阻后引入的,它连接到施密特触发器,信号经过施密特触发器后将模拟信号转化为 0、1 数字信号,然后存储在输入数据寄存器 GPIOx_IDR 中。

操作方法:通过读取输入数据寄存器 GPIOx_IDR 就可以获取 GPIO 引脚的电平状态。

2. 上拉与下拉电阻

通过上、下拉对应的开关配置,可以控制引脚默认状态的电压,开启上拉时引脚电压为高电平,开启下拉时引脚电压为低电平,这样可以消除引脚不定状态的影响。如果引脚外部没有外接器件,或者外部的器件不干扰该引脚电压,那么 STM32 的引脚都会有这个默认状态。

也可以设置"既不上拉也不下拉模式",我们也把这种状态称为浮空模式。配置成这个模式时,用电压表直接测量其引脚电压为 1 点几伏,这是个不确定值。一般来说,都会选择给引脚设置"上拉模式"或"下拉模式",使其具有默认状态。如果外部器件已经具备上拉或下拉功能,就会选择给引脚设置"既不上拉也不下拉模式"。

注意:STM32 的内部上拉是"弱上拉",即通过此上拉输出的电流是很弱的;如要求大电流,则还是需要外部上拉。

操作方法:通过上拉/下拉寄存器 GPIOx_PUPDR 控制引脚的上、下拉以及浮空模式。

3. 模拟输入与输出

在输入功能与输出功能两种情况下都没有经过触发器和 MOS 管,而是直接与引脚进行连接。

当需要测量外部信号电压的大小时,如果信号经过施密特触发器后,外部电压信号只有 0、1 数字信号,就需要使用模拟输入功能,这样可以避开施密特触发器直接进入处理器。

当外部器件需要一个任意大小的电压(0～3.3 V)时,如果信号经过 P-MOS 管或 N-MOS 管,则输出电压只有 0 V 或 3.3 V 两种电平,在这种情况下就需要使用模拟输出功能,这样可以避开 P-MOS 管以及 N-MOS 管直接到达芯片外部。

操作方法:通过模式寄存器 GPIOx_MODER 可以选择 GPIO 功能为模拟模式。

4. 输出数据寄存器

写入置位/复位寄存器 GPIOx_BSRR 的值会影响输出数据寄存器 GPIOx_ODR 的值,输出数据寄存器 GPIOx_ODR 的值作用于输出驱动器,输出驱动器经过 P-MOS 管或 N-MOS 管后输出到芯片引脚上。

操作方法:通过置位/复位寄存器 GPIOx_BSRR 与输出数据寄存器 GPIOx_ODR 可以输出 0(低电平)、1(高电平)数字信号。

5. 推挽与开漏

线路经过一个由 P-MOS 管和 N-MOS 管组成的单元电路。这个结构使 GPIO 具有"推挽输出"和"开漏输出"两种模式。

推挽输出模式,是根据 P-MOS 管与 N-MOS 管的工作方式来命名的。在该结构中输入高电平,经过反向后,上方的 P-MOS 管导通,下方的 N-MOS 管关闭,对外输出高电平；而在该结构中输入低电平，经过反向后，N-MOS 管导通，P-MOS 管关闭，对外输出低电平。当引脚高低电平切换时，P-MOS 管和 N-MOS 管轮流导通，其中，P-MOS 管负责灌电流，N-MOS 管负责拉电流，使其负载能力和开关速度都比普通的方式有很大的提高。推挽输出的低电平为 0 V，高电平为 3.3 V。

推挽输出模式一般应用在输出电平为 0 V 和 3.3 V 且需要高速切换开关状态的场合。

对于开漏输出模式，上方的 P-MOS 管完全不工作。如果控制输出为 0（低电平），则 P-MOS 管关闭，N-MOS 管导通，使输出接地；若控制输出为 1（它无法直接输出高电平），则 P-MOS 管和 N-MOS 管都关闭，引脚既不输出高电平，也不输出低电平，为高阻态。在使用时必须外部接上拉电阻才能正常工作。

开漏输出模式一般应用在 I²C、SMBUS 通信等需要"线与"功能的总线电路中。

操作方法：通过输出类型寄存器 GPIOx_OTYPER 可以控制 P-MOS 管与 N-MOS 管的状态。

6. 复用功能输入与输出

复用功能输入/输出与普通功能输入/输出信号流向一致，经过的器件也大致相同，不同的是复用功能输入/输出信号不会由寄存器进行存储/控制，而是直接送给处理器的外设资源直接处理。使用复用功能的前提是：使用其他外设资源，并且使用 GPIO 资源。

操作方法：通过模式寄存器 GPIOx_MODER 可以选择 GPIO 功能为复用模式，通过复用功能低寄存器 GPIOx_AFRL 与复用功能高寄存器 GPIOx_AFRH 可以选择复用功能的具体复用类型。

3.3 GPIO 的配置流程

从功能描述中可以看出 GPIO 有 8 种配置模式，对于这 8 种配置模式可以分成 4 大类：普通输入、普通输出、复用功能和模拟功能。

对于 STM32F407 处理器，从框架中了解到每个外设资源在使用时都需要开启对应的外设资源时钟，在参考手册中详细说明了每个外设时钟都由哪些寄存器控制。在官方给出的标准库函数中也有具体的函数配置。

3.3.1 外设时钟配置

外设时钟配置寄存器与相关函数详细说明如下：

① AHB1 外设时钟使能寄存器如图 3.3.1 所示。

偏移地址：0×30。

复位值：0×0000 0000。

访问：无等待周期，按字、半字和字节访问。

31	30	29	28	27	26	25	24	23	22	21	20	19	18	17	16
保留	OTGHS ULPIEN	OTGHS EN	ETHMA CPTPEN	ETHMA CRXEN	ETHMA CTXEN	ETHMA CEN	保留		DMA2EN	DMA1EN	CCMDATA RAMEN	Res.	BKPSR AMEN	保留	
	rw	rw	rw	rw	rw	rw			rw	rw	rw		rw		

15	14	13	12	11	10	9	8	7	6	5	4	3	2	1	0
保留			CRCEN	保留			GPIOIE N	GPIOH EN	GPIOGE N	GPIOFE N	GPIOEEN	GPIOD EN	GPIOC EN	GPIOB EN	GPIOA EN
			rw				rw	rw	rw	rw	rw	rw	rw	rw	rw

图 3.3.1　AHB1 外设时钟使能寄存器位分布图

② AHB2 外设时钟使能寄存器如图 3.3.2 所示。

偏移地址：0×34。

复位值：0×0000 0000。

访问：无等待周期，按字、半字和字节访问。

31	30	29	28	27	26	25	24	23	22	21	20	19	18	17	16
保留															

15	14	13	12	11	10	9	8	7	6	5	4	3	2	1	0
保留								OTGFS EN	RNG EN	HASH EN	CRYP EN	保留			DCMI EN
								rw	rw	rw	rw				rw

图 3.3.2　AHB2 外设时钟使能寄存器位分布图

③ AHB3 外设时钟使能寄存器如图 3.3.3 所示。

偏移地址：0×38。

复位值：0×0000 0000。

访问：无等待周期，按字、半字和字节访问。

31	30	29	28	27	26	25	24	23	22	21	20	19	18	17	16
保留															

15	14	13	12	11	10	9	8	7	6	5	4	3	2	1	0
保留															FSMCEN
															rw

图 3.3.3　AHB3 外设时钟使能寄存器位分布图

④ APB1 外设时钟使能寄存器如图 3.3.4 所示。

偏移地址：0×40。

复位值：0×0000 0000。

访问：无等待周期，按字、半字和字节访问。

31	30	29	28	27	26	25	24	23	22	21	20	19	18	17	16
保留		DAC EN	PWR EN	保留	CAN2 EN	CAN1 EN	保留	I2C3 EN	I2C2 EN	I2C1 EN	UART5 EN	UART4 EN	USART3 EN	USART2 EN	保留
		rw	rw		rw	rw		rw	rw	rw	rw	rw	rw	rw	

15	14	13	12	11	10	9	8	7	6	5	4	3	2	1	0
SPI3 EN	SPI2 EN	保留		WWDG EN	保留		TIM14 EN	TIM13 EN	TIM12 EN	TIM7 EN	TIM6 EN	TIM5 EN	TIM4 EN	TIM3 EN	TIM2 EN
rw	rw			rw			rw	rw	rw	rw	rw	rw	rw	rw	rw

图 3.3.4　APB1 外设时钟使能寄存器位分布图

⑤ APB2 外设时钟使能寄存器如图 3.3.5 所示。

偏移地址：0×44。

复位值：0×0000 0000。

访问：无等待周期，按字、半字和字节访问。

31	30	29	28	27	26	25	24	23	22	21	20	19	18	17	16
保留													TIM11 EN	TIM10 EN	TIM9 EN
													rw	rw	rw

15	14	13	12	11	10	9	8	7	6	5	4	3	2	1	0
保留	SYSCF G EN	保留	SPI1 EN	SDIO EN	ADC3 EN	ADC2 EN	ADC1 EN	保留		USART6 EN	USART1 EN	保留		TIM8 EN	TIM1 EN
	rw		rw	rw	rw	rw	rw			rw	rw			rw	rw

图 3.3.5　APB2 外设时钟使能寄存器位分布图

⑥ AHB1 外设时钟配置函数说明如表 3.3.1 所列。

表 3.3.1　AHB1 外设时钟配置函数

函数名	RCC_AHB1PeriphClockCmd
函数原形	void　RCC _ AHB1PeriphClockCmd（uint32 _ t RCC _ AHB1Periph，FunctionalState NewState)
功能描述	使能或者禁用 AHB1 外设时钟
输入参数 1	RCC_AHB1Periph：门控 AHB1 外设时钟； 参阅 Section：RCC_AHB1Periph 查阅更多该参数允许的取值范围
输入参数 2	NewState：指定外设时钟的新状态； 这个参数可以取 ENABLE 或者 DISABLE
输出参数	None
返回值	None
先决条件	None
被调用函数	None

RCC_AHB1Periph：该参数被门控的 AHB1 外设时钟，可以取表 3.3.2 中的一个或者多个取值的组合作为该参数的值。

表 3.3.2　RCC_AHB1Periph 的取值

RCC_AHB1Periph	描　述
RCC_AHB1Periph_BKPSRAM	备份 SRAM 时钟
RCC_AHB1Periph_CCMDATARAMEN	CCM 数据 RAM 时钟
RCC_AHB1Periph_CRC	CRC 时钟
RCC_AHB1Periph_DMA1	DMA1 时钟
RCC_AHB1Periph_DMA2	DMA2 时钟
RCC_AHB1Periph_DMA2D	DMA2D 时钟
RCC_AHB1Periph_ETH_MAC	以太网 MAC 时钟
RCC_AHB1Periph_ETH_MAC_PTP	以太网 PTP 时钟
RCC_AHB1Periph_ETH_MAC_Rx	以太网接收时钟
RCC_AHB1Periph_ETH_MAC_Tx	以太网发送时钟
RCC_AHB1Periph_FLITF	FLITF 时钟
RCC_AHB1Periph_GPIOA	GPIOA 时钟
RCC_AHB1Periph_GPIOB	GPIOB 时钟
RCC_AHB1Periph_GPIOC	GPIOC 时钟
RCC_AHB1Periph_GPIOD	GPIOD 时钟
RCC_AHB1Periph_GPIOE	GPIOE 时钟
RCC_AHB1Periph_GPIOF	GPIOF 时钟
RCC_AHB1Periph_GPIOG	GPIOG 时钟
RCC_AHB1Periph_GPIOH	GPIOH 时钟
RCC_AHB1Periph_GPIOI	GPIOI 时钟
RCC_AHB1Periph_GPIOJ	GPIOJ 时钟
RCC_AHB1Periph_GPIOK	GPIOK 时钟
RCC_AHB1Periph_OTG_HS	USB OTG HS 时钟
RCC_AHB1Periph_OTG_HS_ULPI	USB OTG HS ULPI 时钟
RCC_AHB1Periph_SRAM1	SRAM1 时钟
RCC_AHB1Periph_SRAM2	SRAM2 时钟
RCC_AHB1Periph_SRAM3	SRAM3 时钟

⑦ AHB2 外设时钟配置函数说明如表 3.3.3 所列。

表 3.3.3　AHB2 外设时钟配置函数

函数名	RCC_AHB2PeriphClockCmd
函数原形	void　RCC _ AHB2PeriphClockCmd（uint32 _ t RCC _ AHB2Periph，FunctionalState NewState）
功能描述	使能或者禁用 AHB2 外设时钟
输入参数 1	RCC_AHB2Periph：门控 AHB2 外设时钟； 参阅 Section：RCC_AHB2Periph 查阅更多该参数允许的取值范围
输入参数 2	NewState：指定外设时钟的新状态； 这个参数可以取 ENABLE 或者 DISABLE
输出参数	None
返回值	None
先决条件	None
被调用函数	None

RCC_AHB2Periph：该参数被门控的 AHB2 外设时钟，可以取表 3.3.4 中的一个或者多个取值的组合作为该参数的值。

表 3.3.4　RCC_AHB2Periph 取值

RCC_AHB2Periph	描　述
RCC_AHB2Periph_CRYP	CRYP 时钟
RCC_AHB2Periph_DCMI	DCMI 时钟
RCC_AHB2Periph_HASH	HASH 时钟
RCC_AHB2Periph_OTG_FS	USB OTG FS 时钟

⑧ AHB3 外设时钟配置函数说明如表 3.3.5 所列。

表 3.3.5　AHB3 外设时钟配置函数

函数名	RCC_AHB3PeriphClockCmd
函数原形	void　RCC _ AHB3PeriphClockCmd（uint32 _ t RCC _ AHB3Periph，FunctionalState NewState）
功能描述	使能或者禁用 AHB3 外设时钟
输入参数 1	RCC_AHB3Periph：门控 AHB3 外设时钟
输入参数 2	NewState：指定外设时钟的新状态； 这个参数可以取 ENABLE 或者 DISABLE
输出参数	None
返回值	None
先决条件	None
被调用函数	None

⑨ APB1 外设时钟配置函数说明如表 3.3.6 所列。

表 3.3.6　APB1 外设时钟配置函数

函数名	RCC_APB1PeriphClockCmd
函数原形	void　RCC＿APB1PeriphClockCmd（uint32＿t RCC＿APB1Periph，FunctionalState NewState）
功能描述	使能或者禁用 APB1 外设时钟
输入参数 1	RCC_APB1Periph：门控 APB1 外设时钟； 参阅 Section：RCC_APB1Periph 查阅更多该参数允许的取值范围
输入参数 2	NewState：指定外设时钟的新状态； 这个参数可以取 ENABLE 或者 DISABLE
输出参数	None
返回值	None
先决条件	None
被调用函数	None

RCC_APB1Periph：该参数被门控的 APB1 外设时钟，可以取表 3.3.7 中的一个或者多个取值的组合作为该参数的值。

表 3.3.7　RCC_APB1Periph 取值

RCC_APB1Periph	描　　述
RCC_APB1Periph_CAN1	CAN1 时钟
RCC_APB1Periph_CAN2	CAN2 时钟
RCC_APB1Periph_DAC	DAC 时钟
RCC_APB1Periph_I2C1	I^2C1 时钟
RCC_APB1Periph_I2C2	I^2C2 时钟
RCC_APB1Periph_I2C3	I^2C3 时钟
RCC_APB1Periph_PWR	PWR 时钟
RCC_APB1Periph_SPI2	SPI2 时钟
RCC_APB1Periph_SPI3	SPI3 时钟
RCC_APB1Periph_TIM12	TIM12 时钟
RCC_APB1Periph_TIM13	TIM13 时钟
RCC_APB1Periph_TIM14	TIM14 时钟
RCC_APB1Periph_TIM2	TIM2 时钟
RCC_APB1Periph_TIM3	TIM3 时钟
RCC_APB1Periph_TIM4	TIM4 时钟

续表 3.3.7

RCC_APB1Periph	描　述
RCC_APB1Periph_TIM5	TIM5 时钟
RCC_APB1Periph_TIM6	TIM6 时钟
RCC_APB1Periph_TIM7	TIM7 时钟
RCC_APB1Periph_UART4	UART4 时钟
RCC_APB1Periph_UART5	UART5 时钟
RCC_APB1Periph_UART7	UART7 时钟
RCC_APB1Periph_UART8	UART8 时钟
RCC_APB1Periph_USART2	USART2 时钟
RCC_APB1Periph_USART3	USART3 时钟
RCC_APB1Periph_WWDG	WWDG 时钟

⑩ APB2 外设时钟配置函数说明如表 3.3.8 所列。

表 3.3.8　APB2 外设时钟配置函数

函数名	RCC_APB2PeriphClockCmd
函数原形	void　RCC_APB2PeriphClockCmd（uint32_t RCC_APB2Periph，FunctionalState NewState）
功能描述	使能或者禁用 APB2 外设时钟
输入参数 1	RCC_APB2Periph：门控 APB2 外设时钟； 参阅 Section：RCC_APB2Periph 查阅更多该参数允许的取值范围
输入参数 2	NewState：指定外设时钟的新状态； 这个参数可以取 ENABLE 或者 DISABLE
输出参数	None
返回值	None
先决条件	None
被调用函数	None

RCC_APB2Periph：该参数被门控的 APB2 外设时钟，可以取表 3.3.9 中的一个或者多个取值的组合作为该参数的值。

表 3.3.9　RCC_APB2Periph 取值

RCC_APB2Periph	描　述
RCC_APB2Periph_ADC	ADC 时钟
RCC_APB2Periph_ADC1	ADC1 时钟

RCC_APB2Periph	描　述
RCC_APB2Periph_ADC2	ADC2 时钟
RCC_APB2Periph_ADC3	ADC3 时钟
RCC_APB2Periph_DFSDM	DFSDM 时钟
RCC_APB2Periph_EXTIT	EXTIT 时钟
RCC_APB2Periph_LTDC	LTDC 时钟
RCC_APB2Periph_SAI1	SAI1 时钟
RCC_APB2Periph_SDIO	SDIO 时钟
RCC_APB2Periph_SPI1	SPI1 时钟
RCC_APB2Periph_SPI4	SPI4 时钟
RCC_APB2Periph_SPI5	SPI5 时钟
RCC_APB2Periph_SPI6	SPI6 时钟
RCC_APB2Periph_SYSCFG	SYSCFG 时钟
RCC_APB2Periph_TIM1	TIM1 时钟
RCC_APB2Periph_TIM10	TIM10 时钟
RCC_APB2Periph_TIM11	TIM11 时钟
RCC_APB2Periph_TIM8	TIM8 时钟
RCC_APB2Periph_TIM9	TIM9 时钟
RCC_APB2Periph_USART1	USART1 时钟
RCC_APB2Periph_USART6	USART6 时钟

3.3.2　普通输入功能

配置普通输入功能,需要完成的初始步骤如下:

① 配置 I/O 口的模式,选择 I/O 口的模式为普通输入。

② 配置上拉/下拉。根据实际情况选择,如果外部有了硬件上拉/下拉,就不需要配置上拉/下拉;如果没有外部上拉/下拉,一般根据实际情况选择上拉/下拉。目的:给定一个初始状态。

3.3.3　普通输出功能

配置 I/O 口为普通输出,需要完成的初始步骤如下:

① 配置 I/O 口模式,使得 I/O 口为普通输出功能。

② 配置 I/O 口输出类型,使得 I/O 口为推挽/开漏。

③ 配置 I/O 口上拉或下拉,根据实际情况选择。一般来说,推挽功能不用上拉

也不用下拉。

④ 配置 I/O 口的速度,根据实际情况选择。

⑤ 配置 I/O 口的初始电平状态。

3.3.4 复用功能

配置复用功能,需要完成的初始步骤如下:

复用功能输出配置:

① 配置 I/O 口模式,使得 I/O 口为复用功能;

② 配置 I/O 口类型,选择推挽/开漏;

③ 配置 I/O 口上拉/下拉,根据实际情况选择;

④ 配置 I/O 口速度,根据实际情况选择;

⑤ 配置 I/O 口复用类型,根据使用的片上外设资源以及 AFR 寄存器中的连接关系选择。

复用功能输入配置:

① 配置 I/O 口模式,使得 I/O 口为复用功能;

② 配置 I/O 口上拉/下拉,根据实际情况选择;

③ 配置 I/O 口复用类型,根据使用的片上外设资源以及 AFR 寄存器的连接关系选择。

片上外设资源与 AFR 总线的连接关系如图 3.3.6 与图 3.3.7 所示。

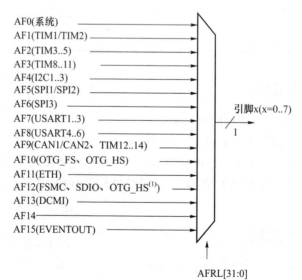

注:对于引脚0~引脚7,GPIOx_AFRL[31:0]寄存器会选择专用的复用功能。

图 3.3.6 片上外设资源与引脚 0~引脚 7 连接关系图

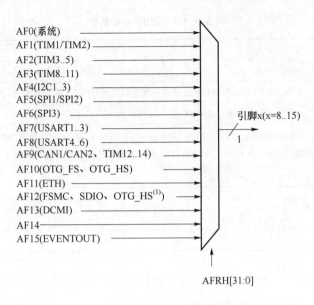

图 3.3.7 片上外设资源与引脚 8～引脚 15 连接关系图

3.3.5 模拟功能

配置模拟功能,需要配置 I/O 口模式,使得 I/O 口模式为模拟模式。

3.3.6 GPIO 使用的相关函数

① 函数 GPIO_DeInit 的具体功能如表 3.3.10 所列。

表 3.3.10 GPIO_DeInit 函数

函数名	GPIO_DeInit
函数原形	void GPIO_DeInit (GPIO_TypeDef * GPIOx)
功能描述	将外设 GPIOx 寄存器重设为默认值
输入参数 1	GPIOx:x 可以是 A,B,C,D ,……,I,用来选择 GPIO 外设
输出参数	None
返回值	None
先决条件	None
被调用函数	RCC_AHB1PeriphResetCmd

② 函数 GPIO_Init 的具体功能如表 3.3.11 所列。

表 3.3.11　GPIO_Init 函数

函数名	GPIO_Init
函数原形	void　GPIO_Init（GPIO_TypeDef ＊ GPIOx, GPIO_InitTypeDef ＊ GPIO_InitStruct）
功能描述	根据 GPIO_InitStruct 中指定的参数初始化外设 GPIOx 寄存器
输入参数 1	GPIOx:x 可以是 A,B,C,D ,…,I,用来选择 GPIO 外设
输入参数 2	GPIO_InitStruct:指向结构 GPIO_InitTypeDef 的指针,包含外设 GPIO 的配置信息;参阅 Section:GPIO_InitTypeDef 查阅更多该参数允许的取值范围
输出参数	None
返回值	None
先决条件	None
被调用函数	None

③ GPIO_InitTypeDef:GPIO_InitTypeDef 定义于文件"stm32f4xx_gpio. h":

```
typedef struct
{
    uint32_t GPIO_Pin;

    GPIOMode_TypeDef GPIO_Mode;

    GPIOSpeed_TypeDef GPIO_Speed;

    GPIOOType_TypeDef GPIO_OType;

    GPIOPuPd_TypeDef GPIO_PuPd;

}GPIO_InitTypeDef;
```

GPIO_Mode:该参数用于选择待设置的 GPIO 引脚模式,可以取表 3.3.12 的一个取值作为该参数的值,mode 设置如表 3.3.12 所列。

表 3.3.12　GPIO_Mode 取值

GPIO_Mode	描　述
GPIO_Mode_IN	普通输入
GPIO_Mode_OUT	普通输出
GPIO_Mode_AF	复用功能
GPIO_Mode_AN	模拟功能

GPIO_Speed:用于设置选中引脚的速率,可以取表 3.3.13 中的一个取值作为该参数的值。

表 3.3.13 GPIO_Speed 取值

GPIO_Speed	描　述
GPIO_Speed_2MHz	最高输出速率 2 MHz
GPIO_Speed_25MHz	最高输出速率 25 MHz
GPIO_Speed_50MHz	最高输出速率 50 MHz
GPIO_Speed_100MHz	最高输出速率 100 MHz

GPIO_OType:用于设置选中引脚的输出类型,可以取表 3.3.14 中的一个取值作为该参数的值。

表 3.3.14 GPIO_OType 取值

GPIO_OType	描　述
GPIO_OType_PP	推挽
GPIO_OType_OD	开漏

GPIO_PuPd:用于设置选中引脚的上下拉,可以取表 3.3.15 中的一个取值作为该参数的值。

表 3.3.15 GPIO_PuPd 取值

GPIO_PuPd	描　述
GPIO_PuPd_NOPULL	无上拉且无下拉
GPIO_PuPd_UP	上拉
GPIO_PuPd_DOWN	下拉

函数名	GPIO_PinAFConfig
函数原形	void　GPIO_PinAFConfig (GPIO_TypeDef * GPIOx, uint16_t GPIO_PinSource,uint8_t GPIO_AF)
功能描述	选择 GPIOx_n 引脚复用类型,x:A～I,n:0～15
输入参数 1	GPIOx:x 可以是 A,B,C,D,…,I,用于选择 GPIO 外设
输入参数 2	GPIO_PinSource:GPIO_PinSourcex,x:0～15
输入参数 3	GPIO_AF:GPIO 复用类型具体选择,请详见帮助手册
输出参数	None
返回值	None
先决条件	None
被调用函数	None

续表 3.3.15

函数名	GPIO_ReadInputData
函数原形	uint16_t　GPIO_ReadInputData（GPIO_TypeDef ＊GPIOx）
功能描述	GPIO 配置为输入功能时，读取 GPIO 组的数据
输入参数	GPIOx：x 可以是 A,B,C,D,…,I,用于选择 GPIO 外设
输出参数	None
返回值	一组 GPIO 的数据,GPIO0～GPIO15
先决条件	None
被调用函数	None
函数名	GPIO_ReadInputDataBit
函数原形	uint8_t　GPIO_ReadInputDataBit（GPIO_TypeDef ＊GPIOx, uint16_t GPIO_Pin）
功能描述	GPIO 配置为输入功能时，读取 GPIO 组中具体某个 I/O 引脚的数据
输入参数 1	GPIOx：x 可以是 A,B,C,D,…,I,用于选择 GPIO 外设
输入参数 2	GPIO_Pin：GPIO_Pinx,x 取值范围:0～15
输出参数	None
返回值	0:表示低电平,1:表示高电平
先决条件	None
被调用函数	None
函数名	GPIO_ReadOutputData
函数原形	uint16_t　GPIO_ReadOutputData（GPIO_TypeDef ＊GPIOx）
功能描述	当 GPIO 配置为普通输出功能时，读取 GPIO 组的数据
输入参数	GPIOx：x 可以是 A,B,C,D,…,I,用于选择 GPIO 外设
输出参数	None
返回值	一组 GPIO 引脚的数据,即 16 个 I/O 口的电平状态
先决条件	None
被调用函数	None
函数名	GPIO_ReadOutputDataBit
函数原形	uint8_t　GPIO_ReadOutputDataBit（GPIO_TypeDef ＊GPIOx, uint16_t GPIO_Pin）
功能描述	根据 GPIO_InitStruct 中指定的参数初始化外设 GPIOx 寄存器
输入参数 1	GPIOx：x 可以是 A,B,C,D,…,I,用于选择 GPIO 外设
输入参数 2	GPIO_Pin：GPIO_Pinx,x 取值范围:0～15
输出参数	None
返回值	0:表示低电平,1:表示高电平
先决条件	None
被调用函数	None

函数名	GPIO_ResetBits
函数原形	void GPIO_ResetBits (GPIO_TypeDef * GPIOx, uint16_t GPIO_Pin)
功能描述	复位引脚电平,使得引脚输出低电平
输入参数 1	GPIOx:x 可以是 A,B,C,D ,…,I,用于选择 GPIO 外设
输入参数 2	GPIO_Pin:GPIO_Pinx,x 取值范围:0~15
输出参数	None
返回值	None
先决条件	None
被调用函数	None
函数名	GPIO_SetBits
函数原形	void GPIO_SetBits (GPIO_TypeDef * GPIOx, uint16_t GPIO_Pin)
功能描述	置位引脚电平,使得引脚输出高电平
输入参数 1	GPIOx:x 可以是 A,B,C,D ,…,I,用于选择 GPIO 外设
输入参数 2	GPIO_Pin:GPIO_Pinx,x 取值范围:0~15
输出参数	None
返回值	None
先决条件	None
被调用函数	None
函数名	GPIO_ToggleBits
函数原形	void GPIO_ToggleBits (GPIO_TypeDef * GPIOx, uint16_t GPIO_Pin)
功能描述	翻转引脚电平状态。如果当前引脚输出低电平,则调用该函数以后输出高电平;反之亦然
输入参数 1	GPIOx:x 可以是 A,B,C,D ,…,I,用于选择 GPIO 外设
输入参数 2	GPIO_Pin:GPIO_Pinx,x 取值范围:0~15
输出参数	None
返回值	None
先决条件	None
被调用函数	None
函数名	GPIO_Write
函数原形	void GPIO_Write (GPIO_TypeDef * GPIOx, uint16_t PortVal)
功能描述	当 GPIO 接口配置为普通功能时,利用该函数设置一组 GPIO 的电平状态
输入参数 1	GPIOx:x 可以是 A,B,C,D ,…,I,用于选择 GPIO 外设
输入参数 2	PortVal:一组 GPIO 电平状态值
输出参数	None
返回值	None

续表 3.3.15

先决条件	None
被调用函数	None
函数名	GPIO_WriteBit
函数原形	void GPIO_WriteBit (GPIO_TypeDef * GPIOx, uint16_t GPIO_Pin, BitAction BitVal)
功能描述	当 GPIO 接口配置为普通功能时,利用该函数设置一组 GPIO 的具体某个引脚电平状态
输入参数 1	GPIOx:x 可以是 A,B,C,D ,…,I,用于选择 GPIO 外设
输入参数 2	GPIO_Pin:GPIO_Pinx,x 取值范围:0~15
输入参数 3	BitVal:某一个引脚电平状态值 0/1
输出参数	None
返回值	None
先决条件	None
被调用函数	None

3.4 分析 LED 灯例程

3.4.1 LED 灯硬件结构分析

1. LED 灯硬件原理图

LED 灯硬件原理图如图 3.4.1 所示。

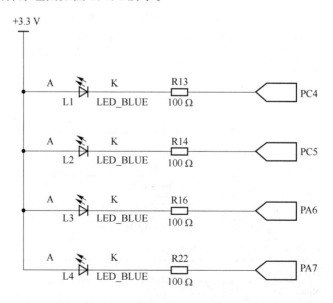

图 3.4.1 LED 灯硬件原理图

2. LED 灯硬件原理图说明

当前 LED 灯的正极连接电源,并且连接了硬件上拉,LED 灯负极连接芯片 GPIO;控制 LED 灯状态必须将 GPIO 配置为输出功能,由于 LED 灯需要的驱动电流比较大,并且需要输出高电平熄灭 LED,所以需要将 GPIO 配置为推挽输出功能。

3.4.2 LED 灯软件设计分析

1. 程序设计思想

① 初始化 GPIO;

② 点亮/熄灭 LED 灯。

2. 初始化步骤

① 开启 GPIO 外设时钟;

② 配置 GPIO 模式;

③ 选择 GPIO 输出类型;

④ 选择 GPIO 输出速度;

⑤ 选择 GPIO 上下拉类型;

⑥ 选择 GPIO 初始电平状态。

3. 点亮 LED 灯

配置 GPIO 输出低电平。

4. 熄灭 LED 灯

配置 GPIO 输出高电平。

3.4.3 LED 灯例程核心代码

初始化 LED 灯的例程核心代码如下:

```
void led_init(void)
  {
    /* 开启 GPIOC 时钟 */
    RCC_AHB1PeriphClockCmd(RCC_AHB1Periph_GPIOC, ENABLE);

    /* 初始化 GPIOC4 接口 */
    GPIO_InitTypeDef gpio_init_struct;
    gpio_init_struct.GPIO_Pin = GPIO_Pin_4 | GPIO_Pin_5;       /* 选择具体引脚 */
    gpio_init_struct.GPIO_Mode = GPIO_Mode_OUT;                /* 选择模式 */
    gpio_init_struct.GPIO_OType = GPIO_OType_PP;               /* 选择输出类型 */
    gpio_init_struct.GPIO_Speed = GPIO_Speed_2MHz;             /* 选择输出速度 */
```

```
    gpio_init_struct.GPIO_PuPd = GPIO_PuPd_NOPULL;              /* 选择上拉/下拉 */
    GPIO_Init(GPIOC, &gpio_init_struct);
    GPIO_SetBits(GPIOC, GPIO_Pin_4);
    GPIO_SetBits(GPIOC, GPIO_Pin_5);

    /* 开启 GPIOA 时钟 */
    RCC_AHB1PeriphClockCmd(RCC_AHB1Periph_GPIOA, ENABLE);

    /* 初始化 GPIOA6/7 接口 */
    gpio_init_struct.GPIO_Pin = GPIO_Pin_6 | GPIO_Pin_7;       /* 选择具体引脚 */
    gpio_init_struct.GPIO_Mode = GPIO_Mode_OUT;                /* 选择模式 */
    gpio_init_struct.GPIO_OType = GPIO_OType_PP;               /* 选择输出类型 */
    gpio_init_struct.GPIO_Speed = GPIO_Speed_2MHz;             /* 选择输出速度 */
    gpio_init_struct.GPIO_PuPd = GPIO_PuPd_NOPULL;             /* 选择上拉/下拉 */
    GPIO_Init(GPIOA, &gpio_init_struct);
    GPIO_SetBits(GPIOA, GPIO_Pin_6);
    GPIO_SetBits(GPIOA, GPIO_Pin_7);
}
```

3.5 总 结

在学习 GPIO 的过程中,重点掌握 GPIO 的配置过程,掌握 GPIO 的输入/输出模式并能够对其进行灵活应用;在设计 LED 灯的过程中,注意硬件的连接方式,按照 GPIO 口的配置过程进行配置即可。

3.6 思考与练习

1. 如果不开启对应的接口时钟,3.4.3 小节中的程序的现象如何?
2. 如何看待 GPIO 输出速度的配置?
3. 如何配置 GPIO 普通输入功能?请编写具体的程序代码。

第4章

串口通信 USART

4.1 UART 概述

UART 是一种通用串行数据总线,用于异步通信。该总线双向通信,可以实现全双工传输和接收。例如:WiFi 模块与 MCU 通信,PC 与 MCU 通信,传感器与 MCU 通信等。UART 是一种标准的通信协议。

4.1.1 相关概念补充

1. 同步和异步

同步:两个设备/器件步调一致。两个设备/器件共用同一个时钟,两者有时钟线连接。

异步:两个设备不共用同一个时钟,两者没有时钟线连接。两者需要规定一个通信速度,即发送方发送一个数据需要多少时间,接收方采集这个数据就需要多少时间。

时钟线一般用 CLK/SCK 表示。

2. 单工、半双工和全双工

单工:在两个产品/器件中,当前环境中整个通信只能是器件 A 发送数据到器件 B 或器件 B 发送数据到器件 A,传输方向单一。

半双工:在两个产品/器件中,当前环境中的当前这一时刻只能是器件 A 发送数据到器件 B,下一时刻可以是器件 B 发送数据到器件 A。传输方向有两种,同一时刻只能有一个方向。

单工与半双工:通信数据线只有一条。

全双工:在两个产品/器件中,当前环境中器件 A 发送数据到器件 B 的同时还可以进行器件 B 发送数据到器件 A。传输方向有两种,通信数据线有两条。

3. 串行和并行

串行:数据一次只能发送一个位。

并行:数据一次可以发送很多位。

并行速度比串行快,但并行复杂,稳定度不高。

4. 板级总线和现场总线

板级总线:PCB 板上的线,例如 UART 总线、I²C 总线、SPI 总线和 I²S 总线等。

现场总线:非 PCB 板上连线,例如 CAN、RS232、485 网线等。

4.1.2 UART 原理

基本的 UART 通信原理,如图 4.1.1 所示。

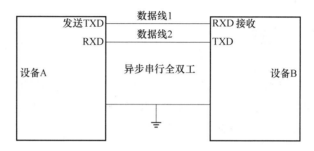

图 4.1.1　UART 通信原理

4.1.3 UART 数据帧格式

标准 UART 数据帧格式如图 4.1.2 所示。

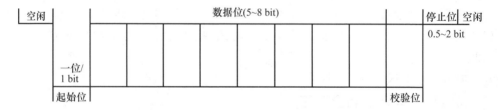

图 4.1.2　UART 数据帧格式

起始位:表示一帧数据的开始。起始位是低电平,只占 1 bit。

数据位:数据位长度 5～8 bit。

校验位:奇偶校验。校验位占用一个 bit。

停止位:占用 0.5～2 bit,表示一帧数据的结束。停止位是高电平。

奇偶校验:将前面 5～8 bit 数据位中的"1"个个数相加。

- 奇校验:如果前面数据位中"1"的数目是奇数,则奇校验位用"0"表示。例如 1101 0101,数据位 "1"的数目为 5(奇数),校验位上面用"0"表示,如果不是奇数,则奇校验位用"1"表示。

- 偶校验与奇校验刚刚相反。

- 在通信中,为了数据的稳定性一般会有校验位。一般情况下不会采用奇偶校验(奇偶校验效果很差),而是采用循环冗余校验(俗称 CRC 校验)。

判断一个位的方法:利用时间长度进行判断。

4.1.4　UART 四要素

① 波特率:用来控制通信速度,控制每个位传输的时间长度。

② 数据位长度:5~8 bit 可变,需要设置好数据位长度。

③ 校验位:奇偶校验;无校验(不需要校验位)。

④ 停止位:0.5~2 bit 可变,需要设置好停止位长度。

4.2　STM32 的 UART 概述

4.2.1　STM32 的 UART 介绍

通用同步异步收发器(USART)能够灵活地与外部设备进行全双工数据交换,满足外部设备对工业标准 NRZ 异步串行数据格式的要求(标准的数据帧格式)。USART 通过小数波特率发生器提供了多种波特率(有一个专用的通信速度控制单元)。

通过配置多个缓冲区使用 DMA 可实现高速数据通信。

4.2.2　STM32 的 UART 通信过程

实际的 UART 的通信过程如图 4.2.1 所示。

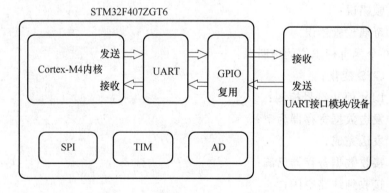

图 4.2.1　实际的 UART 的通信过程

4.2.3　STM32 的 UART 特征

· 全双工异步通信。

- NRZ 标准格式(标记/空格)。
- 可配置为 16 倍过采样或 8 倍过采样,为速度容差与时钟容差的灵活配置提供了可能。
- 小数波特率发生器系统:通用可编程收发波特率(有关最大 APB 频率时的波特率值,请参见相关数据手册)。
- 数据字长度可编程(8 位或 9 位)。
- 停止位可配置:支持 1 或 2 个停止位。
- 单线半双工通信。
- 使用 DMA(直接存储器访问)实现可配置的多缓冲区通信:使用 DMA 在预留的 SRAM 缓冲区中收/发字节。
- 发送器和接收器具有单独使能位(数据发送与接收可以分别控制)。
- 传输检测标志:
  - 接收缓冲区已满;
  - 发送缓冲区为空;
  - 传输结束标志。
- 奇偶校验控制:
  - 发送奇偶校验位;
  - 检查接收的数据字节的奇偶性。
- 四个错误检测标志:
  - 溢出错误;
  - 噪声检测;
  - 帧错误;
  - 奇偶校验错误。
- 10 个具有标志位的中断源:
  - CTS 变化;
  - LIN 停止符号检测;
  - 发送数据寄存器为空;
  - 发送完成;
  - 接收数据寄存器已满;
  - 接收到线路空闲;
  - 溢出错误;
  - 帧错误;
  - 噪声错误;
  - 奇偶校验错误。

4.3 TM32 的 UART 框架(重点理解)

框架结构是指导学习 UART 外设的方法。

4.3.1 框架分析

USART 串口通信的内部框图如图 4.3.1 所示。

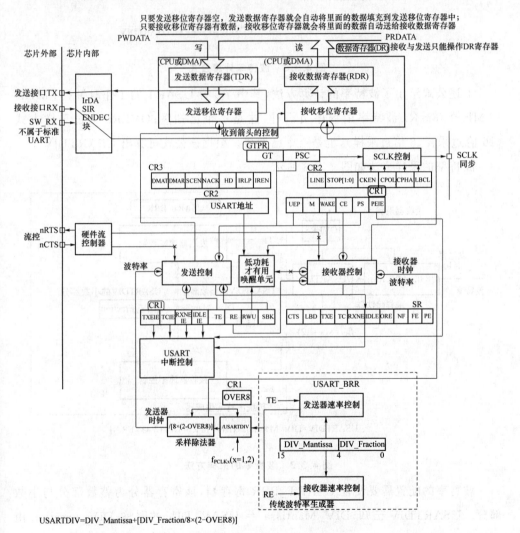

USARTDIV=DIV_Mantissa+[DIV_Fraction/8×(2−OVER8)]

图 4.3.1 USART 内部运行框图

发送:依靠数据源(DR 寄存器)＋发送移位寄存器正常工作;发送移位寄存器受到发送控制单元的控制。发送控制单元由 CR1 寄存器和波特率决定。

接收：接收移位寄存器正常工作；接收移位寄存器受到接收控制单元的控制。接收控制单元由 CR1 寄存器和波特率决定。

4.3.2　波特率分析

波特率的计算公式，如图 4.3.2 所示。

适用于 标准 USART (包括SPI模式)的波特率：

$$\text{Tx/Rx 波特率} = \frac{f_{ck}}{8 \times (2-\text{OVER8}) \times \text{USARTDIV}}$$

图 4.3.2　波特率计算公式

上述公式给出了波特率的计算方法，其中 f_{CK} 为 USART 的工作时钟（84 MHz/42 MHz）；Tx/Rx 波特率由程序员设计，这是一个已知量；OVER8 为过采样方式（16 倍过采样、8 倍过采样），也是一个已知量。根据该公式可算出 USARTDIV。

波特率的采样方法如图 4.3.3 所示。

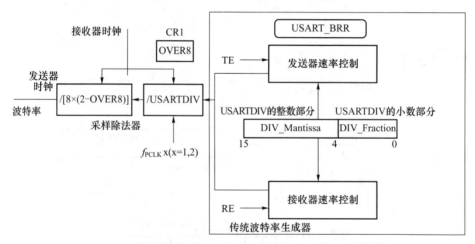

USARTDIV=DIV_Mantissa+[DIV_Fraction/8×(2−OVER8)]

图 4.3.3　波特率的采样方法

波特率的配置需要设置 USART_BRR 寄存器，该寄存器分为整数部分与小数部分。USARTDIV 已知，DIV_Mantissa ＝ USARTDIV 的取整，DIV_Fraction 由上述公式计算出来。

示例：USART1 作为计算依据，f_{CK}＝84 MHz。

设：u32 bound；波特率；float usartdiv；u32 div_mantissa；u32 div_fraction。

$$usartdiv = 84\,000\,000L/(bound \times 2 \times 8);$$

$$div\_mantissa = usartdiv;$$

$$div\_fraction = (usartdiv - div\_mantissa) \times 16 + 0.5;$$

$$USART\_BRR = (div\_mantissa << 4) + div\_fraction。$$

4.4　STM32 的 UART 相关配置函数

UART 的相关配置函数如表 4.4.1 所列。

表 4.4.1　UART 相关配置函数

函数名	USART_Init
函数原形	void　USART_Init（USART_TypeDef * USARTx, USART_InitTypeDef * USART_InitStruct）
功能描述	初始化 UART 外设
输入参数 1	USARTx：x 可以是 1,2,…,6
输入参数 2	USART_InitStruct：UART 外设配置结构体,具体取值需要参考 USART_InitTypeDef 类型
输出参数	None
返回值	None
先决条件	None
被调用函数	None
函数名	USART_DeInit
函数原形	void　USART_DeInit（USART_TypeDef * USARTx）
功能描述	复位 UART 外设资源
输入参数	USARTx：x 可以是 1,2,…,6
输出参数	None
返回值	None
先决条件	None
被调用函数	None
函数名	USART_SendData
函数原形	void　USART_SendData（USART_TypeDef * USARTx, uint16_t Data）
功能描述	UART 外设资源发送数据
输入参数 1	USARTx：x 可以是 1,2,…,6
输入参数 2	Data：需要发送的数据
输出参数	None
返回值	None

续表 4. 4. 1

先决条件	None
被调用函数	None
函数名	USART_ReceiveData
函数原形	uint16_t　USART_ReceiveData（USART_TypeDef ＊ USARTx）
功能描述	UART 外设资源接收数据
输入参数	USARTx：x 可以是 1，2，…，6
输出参数	None
返回值	接收到的数据
先决条件	None
被调用函数	None
函数名	USART_GetFlagStatus
函数原形	FlagStatus　　USART _ GetFlagStatus（USART _ TypeDef ＊ USARTx，uint16_t USART_FLAG）
功能描述	UART 外设资源状态获取
输入参数 1	USARTx：x 可以是 1，2，…，6
输入参数 2	USART_FLAG：需要获取的标志
输出参数	None
返回值	获取到的标志状态：SET/RESET
先决条件	None
被调用函数	None
函数名	USART_ClearFlag
函数原形	void　USART_ClearFlag（USART_TypeDef ＊ USARTx，uint16_t USART_FLAG）
功能描述	UART 外设资源清除标志
输入参数 1	USARTx：x 可以是 1，2，…，6
输入参数 2	USART_FLAG：需要清除的标志
输出参数	None
返回值	None
先决条件	None
被调用函数	None

4.5　分析串口例程

4.5.1　串口硬件结构分析

1. 硬件结构原理图

硬件结构原理图如图 4.5.1 所示。

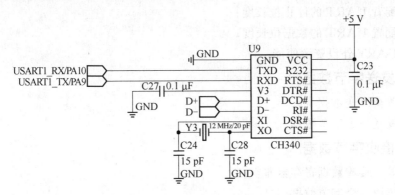

图 4.5.1　硬件结构原理图

2. 硬件结构原理图说明

当前处理器的 USART1 外设利用 PA9、PA10 连接在 CH340 电源转换芯片上；CH340 的数据口连接在 mini_usb 上。当前可以完成以下实验：在 PC 的串口助手上发送数据给芯片的 USART1 外设；芯片利用 USART1 外设将数据发送到 PC 的串口助手上。

4.5.2　串口软件流程设计

1. 程序设计流程

① 初始化硬件接口；

② 初始化 UART 外设资源；

③ 数据发送与数据接收。

2. 初始化接口

① 开启对应 GPIO 接口时钟；

② 选择 GPIO 模式为复用功能；

③ 配置 TXD 引脚输出类型；

④ 配置 TXD 引脚输出速度；

⑤ 配置 TXD 引脚上下拉类型；

⑥ 配置 RXD 引脚上下拉类型。

3. 初始化 UART 外设资源

① 开启对应的 UART 接口时钟；

② 配置 UART 的波特率；

③ 配置 UART 的流控类型；

④ 配置 UART 的模式；

⑤ 配置 UART 的校验方式；

⑥ 配置 UART 的停止位长度；

⑦ 配置 UART 的数据位长度；

⑧ UART 外设资源使能。

4. 发送字节数据

① 等待发送数据寄存器空；

② 发送一个字节数据。

5. 接收字节数据

① 等待接收数据寄存器非空；

② 读取一个字节数据。

6. 发送一串数据

① 判断是否到字符串末尾；

② 如果没有到末尾则发送一个字节数据；

③ 如果到末尾则退出发送数据功能。

7. 接收一串数据

① 一直等待接收数据；

② 如果收到特殊的字符串结束符则退出接收功能；

③ 如果没有收到特殊的字符串结束符则继续等待接收数据。

4.5.3 串口例程核心代码

1. 串口接口初始化代码

串口接口初始化代码如下：

```
static void init_uart_gpio_port(void)
{
    /*开启 GPIOA 时钟 */
    RCC_AHB1PeriphClockCmd(RCC_AHB1Periph_GPIOA, ENABLE);
```

```
    /* 初始化 GPIOA9 接口 */
    GPIO_InitTypeDef gpio_init_struct;
    /* 清空 gpio_init_struct 结构空间原有的内容 */
    memset((char *)&gpio_init_struct, 0, sizeof(gpio_init_struct));
    gpio_init_struct.GPIO_Pin = GPIO_Pin_9;              /* 选择具体引脚 */
    gpio_init_struct.GPIO_Mode = GPIO_Mode_AF;           /* 选择模式 */
    gpio_init_struct.GPIO_OType = GPIO_OType_PP;         /* 选择输出类型 */
    gpio_init_struct.GPIO_Speed = GPIO_Speed_25MHz;      /* 选择输出速度 */
    gpio_init_struct.GPIO_PuPd = GPIO_PuPd_NOPULL;       /* 选择上拉/下拉 */
    GPIO_Init(GPIOA, &gpio_init_struct);

    /* 初始化 GPIOA10 接口 */
    /* 清空 gpio_init_struct 结构空间原有的内容 */
    memset((char *)&gpio_init_struct, 0, sizeof(gpio_init_struct));
    gpio_init_struct.GPIO_Pin = GPIO_Pin_10;             /* 选择具体引脚 */
    gpio_init_struct.GPIO_Mode = GPIO_Mode_AF;           /* 选择模式 */
    gpio_init_struct.GPIO_PuPd = GPIO_PuPd_NOPULL;       /* 选择上拉/下拉 */
    GPIO_Init(GPIOA, &gpio_init_struct);

    /* 选择 GPIOA9 的复用类型 */
    GPIO_PinAFConfig(GPIOA, GPIO_PinSource9, GPIO_AF_USART1);

    /* 选择 GPIOA10 的复用类型 */
    GPIO_PinAFConfig(GPIOA, GPIO_PinSource10, GPIO_AF_USART1);
}
```

2. 串口外设初始化

串口外设初始化代码如下：

```
static void init_uart_port(void)
{
    /* 开启 USART1 时钟 */
    RCC_APB2PeriphClockCmd(RCC_APB2Periph_USART1, ENABLE);
    /* 初始化 USART1 的配置 */
    USART_InitTypeDef init_usart_struct;
    /* 清空 init_usart_struct 结构空间原有的内容 */
    memset((char *)&init_usart_struct, 0, sizeof(init_usart_struct));
    init_usart_struct.USART_BaudRate = USART1_BAUD_RATE;           /* 选择波特率 */
    init_usart_struct.USART_Mode = USART_Mode_Tx | USART_Mode_Rx; /* 模式选择 */
    init_usart_struct.USART_WordLength = USART_WordLength_8b;      /* 数据长度选择 */
```

```
    init_usart_struct.USART_Parity =    USART_Parity_No;       /* 校验方式选择 */
    init_usart_struct.USART_StopBits = USART_StopBits_1;       /* 停止位选择 */
    init_usart_struct.USART_HardwareFlowControl = USART_HardwareFlowControl_None;
                                                                /* 硬件流控选择 */
    USART_Init(USART1, &init_usart_struct);

    USART_Cmd(USART1, ENABLE);                                  /* 使能串口 */

    /* CPU 的小缺陷:串口配置好,如果直接发送,则第 1 个字节发送不出去
        如下语句解决第 1 个字节无法正确发送出去的问题 */
    USART_ClearFlag(USART1, USART_FLAG_TC);                     /* 清发送完成标志 */
}
```

3. 串口外设资源发送一个字节数据

串口外设资源发送一个字节数据的代码如下:

```
void debug_usart_send_byte(uint8_t s_byte)
{
    /* 等待发送数据寄存器空 */
    while(USART_GetFlagStatus(USART1, USART_FLAG_TXE) == RESET)
    {
        ;
    }

    USART_SendData(USART1, s_byte);
}
```

4. 串口外设资源接收一个字节数据

串口外设资源接收一个字节数据的代码如下:

```
uint8_t debug_usart_recv_byte(void)
{
    /* 未接收到数据,则在这里等待接收 */
    while(USART_GetFlagStatus(USART1, USART_FLAG_RXNE) == RESET)
    {
        ;
    }

    /* 表示当前已经接收到数据 */
    return USART_ReceiveData(USART1);
}
```

4.6　总　结

　　本章主要介绍了串口的相关知识以及如何使用串口进行通信,值得注意的是,配置串口主要是围绕串口的四要素(波特率、数据位、奇偶校验位和停止位)进行配置,只要将其四要素配置好,整体的使用框架就搭建完毕了。

4.7　思考与练习

　　1. 阐述串口硬件连接注意事项。
　　2. 阐述串口软件编程注意事项。
　　3. 串口如何发送一串字符数据?
　　4. 串口如何接收一串字符数据?

第 5 章

中　断

5.1　中断简介

1. 何谓中断

程序在运行过程中发生了外部或内部事件时,中断了正在执行的程序,转到外部或内部事件中去执行,打断了正常工作流程。

2. 中断的意义

在 CPU 执行代码中,有 2 种方式去处理程序,例如 USART 接收数据,第 1 种方法是查询方式,第 2 种方法是利用中断方式。

查询:CPU 要不断检测某事件是否发生,一直占用 CPU 的资源。

中断:不需要 CPU 去检测某事件是否发生,当某事情发生时,中断会告诉 CPU,某件事发生了,不需要一直占用 CPU 资源。

中断的意义:高效去执行程序,不会占用 CPU/MCU 的资源。

3. 中断入口

芯片中固定了一段地址空间用来存储程序代码。这一段程序代码是中断要去执行的程序代码。中断的入口就是中断服务函数名。

main 函数与中断服务函数:main 函数与中断服务函数属于同一级别,不存在 main 函数调用中断服务函数的说法;去中断服务函数中执行程序时是抢占 CPU/MCU 的资源;中断服务函数独立存在,不需要在 main 函数中调用。

4. 中断的优先级

中断的优先级:指的是给中断事件编号,用来区分哪个事件先执行,哪个事件后执行。编号越小,优先级越高。

5. 中断的嵌套

中断嵌套:中断中又发生了中断事件,并且打断了刚刚正在执行的中断。中断嵌套中新的中断的优先级比以前的中断优先级高。中断嵌套的发生过程如图 5.1.1 所示。

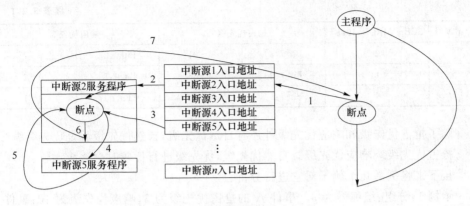

图 5.1.1　中断嵌套的发生过程

断点:用来保存当前程序执行到哪里,局部变量等一些代码要保存;这个保存的过程称为压栈。

5.2　Cortex-M4 中断简介

5.2.1　NVIC 优先级介绍

中断最多有 255 个,其中系统占用 15 个,剩下的属于自定义,但自定义不是由程序员定义,而是由厂家定义。

中断的入口最多 256 个,中断嵌套的层数只有 128 层。

NVIC 中断优先级具有 2 类:抢占优先级和响应优先级。

- 抢占优先级:高优先级事件发生时,能够打断低优先级事件的执行过程。高优先级事件能够抢到 CPU 资源;能够发生中断嵌套。
- 响应优先级:高优先级事件发生时,不能够打断低优先级事件的执行过程。当 2 个优先级的事件同时发生时,先执行优先级高的事件;不能发生中断嵌套。

在 NVIC 中,抢占优先级与响应优先级的设置范围由分组决定,不同分组情况下能够设置的范围值也不同,具体如表 5.2.1 所列。

表 5.2.1　中断优先级分组

分组编号	SCB→AIRCR[10:8]	抢占优先级		响应优先级	
0	7	0	0	Bit[0:7]	0~255
1	6	Bit[7]	0~1	Bit[0:6]	0~127
2	5	Bit[7:6]	0~3	Bit[0:5]	0~63
3	4	Bit[7:5]	0~7	Bit[0:4]	0~31
4	3	Bit[7:4]	0~15	Bit[0:3]	0~15

续表 5.2.1

分组编号	SCB→AIRCR[10:8]	抢占优先级		响应优先级	
5	2	Bit[7:3]	0～31	Bit[0:2]	0～7
6	1	Bit[7:2]	0～63	Bit[0:1]	0～3
7	0	Bit[7:1]	0～127	Bit[0]	0～1

除了抢占优先级和响应优先级外还有自然优先级,自然优先级就是优先级编号。抢占优先级＞响应优先级＞自然优先级,优先级进行比较时会逐级比较。

接下来将例举几个例子对它进行分析。

示例 1:分组:组编号为 3。事件 A 的抢占优先级为 3,响应优先级为 10;事件 B 的抢占优先级为 2,响应优先级为 13。问事件 A 与事件 B 同时发生时先执行哪个事件? 问事件 A 发生以后再发生事件 B,程序会立即执行事件 B 吗?

答:事件 A 与事件 B 同时发生时先执行事件 B;事件 A 发生以后再发生事件 B 时,程序会立即执行事件 B。

示例 2:分组:组编号为 3。事件 A 的抢占优先级为 2,响应优先级为 10;事件 B 的抢占优先级为 2,响应优先级为 13。问事件 A 与事件 B 同时发生时先执行哪个事件? 问事件 A 发生以后再发生事件 B,程序会立即执行事件 B 吗?

答:事件 A 与事件 B 同时发生时先执行事件 A;事件 A 发生以后再发生事件 B 时,程序不会立即执行事件 B。

5.2.2 NVIC 配置函数

NVIC 可以通过相关寄存器进行配置,也可以使用 ARM 公司规定的函数进行配置,如表 5.2.2 所列。

表 5.2.2 NVIC 配置函数

函数名	NVIC_SetPriority
函数原形	void NVIC_SetPriority(IRQn_Type IRQn, uint32_t priority)
功能描述	设置 NVIC 优先级
输入参数 1	IRQn:自然优先级编号,参考芯片厂商的优先级枚举值
输入参数 2	priority:优先级值
输出参数	None
返回值	None
先决条件	None
被调用函数	None
函数名	NVIC_SetPriorityGrouping
函数原形	void NVIC_SetPriorityGrouping(uint32_t PriorityGroup)

功能描述	设置 NVIC 优先级分组
输入参数	PriorityGroup：优先级分组值，0～7
输出参数	None
返回值	None
先决条件	None
被调用函数	None
函数名	NVIC_EncodePriority
函数原形	uint32_t NVIC_EncodePriority（uint32_t PriorityGroup，uint32_t PreemptPriority，uint32_t SubPriority）
功能描述	合成 NVIC 的优先级
输入参数 1	PriorityGroup：优先级分组值，0～7
输入参数 2	PreemptPriority：抢占优先级值，0～128
输入参数 3	SubPriority：响应优先级值，0～256
输出参数	合成优先级值
返回值	None
先决条件	None
被调用函数	None
函数名	NVIC_EnableIRQ
函数原形	void NVIC_EnableIRQ(IRQn_Type IRQn)
功能描述	使能对应的优先级
输入参数 1	IRQn：自然优先级编号，参考芯片厂商的优先级枚举值
输出参数	None
返回值	None
先决条件	None
被调用函数	None

5.3　STM32 的中断简介

5.3.1　STM32 的 NVIC 介绍

　　ARM 公司规定生产芯片的厂商可以不用做到 8 位的抢占优先级/响应优先级，但不能少于 3 位。ST 公司用 4 位表示，NXP 用 5 位表示。因为 ST 公司使用 4 位表示抢占优先级/响应优先级，所以 ST 的芯片抢占优先级和响应优先级的最大范围都是 0～15。

从上述分析得到 ST 的 NVIC 设置表,如表 5.3.1 所列。

表 5.3.1 中断优先级设置

组编号	AIRCR 寄存器的[10:8]PRIGROUP	抢占优先级位数	响应优先级位数	抢占优先级范围	响应优先级范围
0	7	0	4	0	0～15
1	6	1	3	0～1	0～7
2	5	2	2	0～3	0～3
3	4	3	1	0～7	0～1
4	3	4	0	0～15	0

注意:整个项目工程中分组方式只能是一种。分组一旦选定就不能随意修改,影响抢占优先级和响应优先级的位数。多个事件可以是同一个抢占优先级,并且响应优先级也可以相同。抢占优先级相同一定不能发生中断嵌套。

5.3.2 STM32 的 NVIC 配置函数

NVIC 中断配置函数可以参考表 5.3.2。

表 5.3.2 优先级配置函数

函数名	NVIC_SetPriorityGrouping
函数原形	void NVIC_SetPriorityGrouping(uint32_t PriorityGroup)
功能描述	设置 NVIC 优先级分组
输入参数	PriorityGroup:优先级分组值,0～7
输出参数	None
返回值	None
先决条件	None
被调用函数	None
函数名	NVIC_Init
函数原形	void NVIC_Init(NVIC_InitTypeDef * NVIC_InitStruct)
功能描述	初始化 NVIC 配置
输入参数	NVIC_InitStruct:NVIC 配置结构体,具体类型参考 NVIC_InitTypeDef
输出参数	None
返回值	None
先决条件	None
被调用函数	None

5.4 外设中断详解

5.4.1 外设中断介绍

1. 何谓外设中断

外设中断指的是由芯片的片上外设产生的中断。

2. 外设中断的意义

针对外设来说，片上外设需要与外部器件进行数据交换（例如 UART、IIC、SPI、TIM 和 ADC 等）；对于数据交换过程，数据交换的时间并不确定。对于不确定事件的产生无非 2 种方式，第 1 种是查询对应事件标志，第 2 种是有专用单元提醒，中断属于第 2 种情况。利用查询方式查找某个事件发生既浪费 CPU 资源又不实时，会发生遗漏情况，而中断完美地解决了这个问题。

外设中断可以大大节约 CPU 资源浪费情况。

3. 外设中断基本过程

处理器配置好外设功能以及外设中断功能后，当满足外设中断产生条件时，程序将进入外设中断服务函数执行对应的外设中断服务。

4. 外设功能配置

外设功能配置按照每个外设的基本要求进行配置。例如 UART 外设，可根据 UART 外设基本原理将外设功能配置完成；再如 4.5.2 小节的配置过程，该小节中的 UART 配置能够让外设在查询方式下正常工作。

5. 外设中断功能配置

外设中断功能配置过程：第 1 步，开启对应的外设中断功能，在每个外设中都有针对性的外设中断功能配置函数，根据需要设置好需要使用的外设中断；第 2 步，设置好外设中断的 NVIC 控制器。

6. 外设中断服务函数

外设中断发生后，CPU 会执行对应的外设中断服务，这时需要编写外设中断服务函数；在外设中断服务函数中需要判断外设中断事件发生的标志（任何一个外设中断具有多个中断事件产生的可能），清除产生的对应标志（如果不清除标志，则外设中断服务函数会一直执行，程序将进入死机状态），编写需要执行的外设中断服务功能。

在 STM32 中，每个外设中断服务函数的入口都已经确定，而外设中断服务函数的函数名可以在 startup_stm32f40_41xxx.s 文件中查找。

5.4.2 外设中断相关配置函数

在外设中断相关配置函数中具有两大类配置:第 1 类,配置外设中断使能函数;第 2 类,配置 NVIC 控制器函数。

以具体某个外设功能为例,当前以使用 UART 外设为例来分析外设中断相关配置函数,如表 5.4.1 所列。

表 5.4.1 外设中断配置函数

函数名	USART_ITConfig
函数原形	void USART_ITConfig (USART_TypeDef * USARTx, uint16_t USART_IT, FunctionalState NewState)
功能描述	UART 外设的中断配置使能
输入参数 1	USARTx:x 可以是 1,2,…,6
输入参数 2	USART_IT:具体某种类型中断功能,如 USART_IT_TXE、USART_IT_TC 和 USART_IT_RXNE
输入参数 3	NewState:ENABLE 或 DISABLE
输出参数	None
返回值	None
先决条件	None
被调用函数	None
函数名	NVIC_SetPriorityGrouping
函数原形	void NVIC_SetPriorityGrouping(uint32_t PriorityGroup)
功能描述	设置 NVIC 优先级分组
输入参数	PriorityGroup:优先级分组值,0~7
输出参数	None
返回值	None
先决条件	None
被调用函数	None
函数名	NVIC_Init
函数原形	void NVIC_Init(NVIC_InitTypeDef * NVIC_InitStruct)
功能描述	初始化 NVIC 配置
输入参数	NVIC_InitStruct:NVIC 配置结构体,具体类型参考 NVIC_InitTypeDef
输出参数	None
返回值	None
先决条件	None
被调用函数	None

5.4.3 外设中断编程思路

1. 初始化

① 根据对应的外设资源,配置外设资源在查询方式下正常工作;

② 开启对应的外设中断使能;

③ 开启 NVIC 控制器。

2. 中断服务函数

① 判断外设中断标志;

② 清除外设中断标志;

③ 编写需要执行的中断服务功能。

5.4.4 外设中断例程

1. 串口硬件结构分析

(1) 硬件结构原理图

硬件结构原理图如图 4.5.1 所示。

(2) 硬件结构原理图说明

当前处理器的 USART1 外设利用 PA9、PA10 连接在 CH340 电源转换芯片上;CH340 的数据口连接在 mini_usb 上。当前可以完成以下实验:在 PC 的串口助手上发送数据给芯片的 USART1 外设;芯片利用 USART1 外设将数据发送到 PC 的串口助手上。

2. 串口软件流程设计

(1) 程序设计流程

① 初始化硬件接口;

② 初始化 UART 外设资源;

③ 数据发送与数据接收。

(2) 初始化接口

① 开启对应 GPIO 接口时钟;

② 选择 GPIO 模式为复用功能;

③ 配置 TXD 引脚输出类型;

④ 配置 TXD 引脚输出速度;

⑤ 配置 TXD 引脚上下拉类型;

⑥ 配置 RXD 引脚上下拉类型。

(3) 初始化 UART 外设资源

① 开启对应的 UART 接口时钟;

② 配置 UART 的波特率；

③ 配置 UART 的流控类型；

④ 配置 UART 的模式；

⑤ 配置 UART 的校验方式；

⑥ 配置 UART 的停止位长度；

⑦ 配置 UART 的数据位长度；

⑧ 配置 UART 的外设接收中断、空闲中断使能；

⑨ 配置 NVIC 控制的 UART 中断使能；

⑩ UART 外设资源使能。

（4）发送字节数据

① 等待发送数据寄存器空；

② 发送一个字节数据。

（5）发送一串数据

① 判断是否到字符串末尾；

② 如果没有到末尾则发送一个字节数据；

③ 如果到末尾则退出发送数据功能。

（6）中断服务函数

① 判断接收中断标志；

② 清除接收中断标志；

③ 保存接收的数据；

④ 判断空闲中断标志；

⑤ 清除空闲中断标志；

⑥ 设置接收完成标志，并保存接收数据总长度。

3. 串口例程核心代码

（1）串口外设初始化

串口外设初始化的代码如下：

```
01    static void init_uart_port(void)
02    {
03        /* 开启 USART1 时钟 */
04        RCC_APB2PeriphClockCmd(RCC_APB2Periph_USART1, ENABLE);
05
06        /* 初始化 USART1 的配置 */
07        USART_InitTypeDef init_usart_struct;
08        /* 清空 init_usart_struct 结构空间原有的内容 */
09        memset((char *)&init_usart_struct, 0, sizeof(init_usart_struct));
```

```
10        init_usart_struct.USART_BaudRate = USART1_BAUD_RATE;  /*选择波特率*/
11        init_usart_struct.USART_Mode = USART_Mode_Tx | USART_Mode_Rx;
                                                         /*模式选择*/
12        init_usart_struct.USART_WordLength = USART_WordLength_8b;
                                                         /*数据长度选择*/
13        init_usart_struct.USART_Parity =  USART_Parity_No;  /*校验方式选择*/
14        init_usart_struct.USART_StopBits = USART_StopBits_1; /*停止位选择*/
15        init_usart_struct.USART_HardwareFlowControl = USART_HardwareFlowControl_None;
                                                         /*硬件流控选择*/
16        USART_Init(USART1, &init_usart_struct);
17
18        /*中断配置开始*/
19        set_nvic(USART1_IRQn, 2, 2);
20
21        USART_ITConfig(USART1, USART_IT_RXNE, ENABLE); /*开启 USART1 外设的接收中断*/
22
23        USART_ITConfig(USART1, USART_IT_IDLE, ENABLE); /*开启 USART1 外设的空闲中断*/
24        /*中断配置结束*/
25
26        USART_Cmd(USART1, ENABLE);                    /*使能串口*/
27
28        /* CPU 的小缺陷;串口配置好,如果直接发送,则第 1 个字节发送不出去
29           如下语句解决第 1 个字节无法正确发送出去的问题*/
30        USART_ClearFlag(USART1, USART_FLAG_TC);   /*清发送完成标志*/
31    }
32
33   void set_nvic(IRQn_Type irqn,uint32_t preemptpriority,uint32_t subpriority)
34   {
35        NVIC_InitTypeDef init_nvic_structure;
36        /*NVIC——中断优先级与分组配置*/
37        NVIC_SetPriorityGrouping(NVIC_PRIORITY_GROUP);      //设置优先级分组
38        /* 使能中断*/
39        memset((char *)&init_nvic_structure, 0, sizeof(init_nvic_structure));
40        init_nvic_structure.NVIC_IRQChannel = irqn;
41        init_nvic_structure.NVIC_IRQChannelPreemptionPriority = preemptpriority;
42        init_nvic_structure.NVIC_IRQChannelSubPriority = subpriority;
43        init_nvic_structure.NVIC_IRQChannelCmd = ENABLE;
44        NVIC_Init(&init_nvic_structure);
45    }
```

（2）串口外设资源发送一个字节数据

串口外设资源发送一个字节数据的代码如下：

```
01    void debug_usart_send_byte(uint8_t s_byte)
02    {
03        /* 等待发送数据寄存器空 */
04        while(USART_GetFlagStatus(USART1, USART_FLAG_TXE) == RESET)
05        {
06            ;
07        }
08
09        USART_SendData(USART1, s_byte);
10    }
```

（3）中断服务函数

中断服务函数的代码如下：

```
01    void USART1_IRQHandler(void)
02    {
03        /* 判断接收中断标志 */
04        if(USART_GetITStatus(USART1, USART_IT_RXNE) == SET) /* 获取中断标志函数 */
05        {
06            /* 清除接收中断标志 */
07            USART_ClearITPendingBit(USART1, USART_IT_RXNE);
08
09            /*
10                如果接收到数据长度小于最大的存储空间则读取数据
11                否则舍弃后面的所有数据
12            */
13            if(usart_data.usart_recv_buf_len < USART_RECV_MAX_BUF_LEN)
14            {
15                usart_data.usart_recv_buf[usart_data.usart_recv_buf_len++] =
USART_ReceiveData(USART1);
16            }
17        }
18
19        /* 空闲中断 */
20        if(USART_GetITStatus(USART1, USART_IT_IDLE) == SET)
21        {
22            /* 清除空闲中断标志 */
```

```
23              USART_ReceiveData(USART1);
24
25              usart_data.usart_recv_flag = 1;//接收完成标志
26          }
27      }
```

5.5 外部中断详解

外部中断信号来源于外部 I/O 接口,外部 I/O 接口的中断信号直接进入到 NVIC 控制器,进而进入芯片内核。

5.5.1 外部中断简介

① EXTI 控制器的主要特性如下:

- 每个中断/事件线上都具有独立的触发和屏蔽;
- 每个中断线都具有专用的状态位;
- 支持多达 23 个软件事件/中断请求;
- 检测脉冲宽度低于 APB2 时钟宽度的外部信号。有关此参数的详细信息,请参见 STM32F4××数据手册的电气特性部分。

② 23 个外部中断来源,如图 5.5.1 所示。

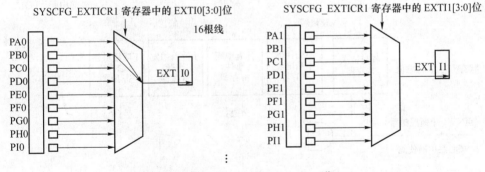

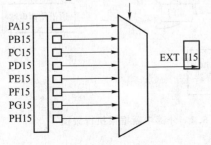

图 5.5.1 外部中断的来源

③ 另外 7 根 EXTI 线连接方式如下：

- EXTI 线 16 连接到 PVD 输出；
- EXTI 线 17 连接到 RTC 闹钟事件；
- EXTI 线 18 连接到 USB OTG FS 唤醒事件；
- EXTI 线 19 连接到以太网唤醒事件；
- EXTI 线 20 连接到 USB OTG HS(在 FS 中配置)唤醒事件；
- EXTI 线 21 连接到 RTC 入侵和时间戳事件；
- EXTI 线 22 连接到 RTC 唤醒事件。

④ 事件与中断的异同点：

- 相同点：触发条件一致；
- 不同点：事件产生以后不需要 CPU 参与，直接会触发硬件工作；中断产生以后需要 CPU 参与，执行中断服务函数。

5.5.2 外部中断框架

外部中断框架如图 5.5.2 所示。

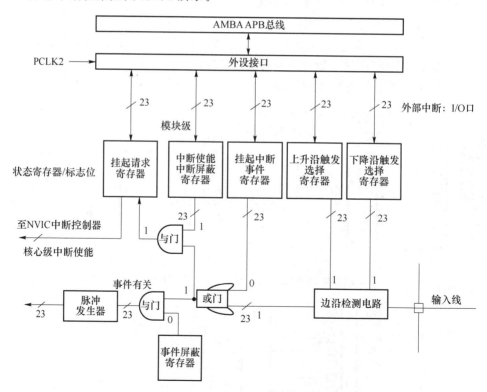

图 5.5.2 外部中断框架执行流程

根据框架分析得出配置流程：

① 选择触发边沿；

② 关闭软件中断、事件功能；

③ 开启模块级中断使能；

④ 开启核心级中断使能。

5.5.3 外部中断相关配置函数

外部中断相关配置函数如表 5.5.1 所列。

表 5.5.1 外部中断配置函数

函数名	SYSCFG_EXTILineConfig
函数原形	void SYSCFG _ EXTILineConfig（uint8 _ t EXTI _ PortSourceGPIOx，uint8 _ t EXTI _ PinSourcex）
功能描述	外部中断线与 I/O 接口连接关系配置
输入参数 1	EXTI_PortSourceGPIOx：外部中断组接口，x：A～G
输入参数 2	EXTI_PinSourcex：外部中断线具体引脚，x：0～15
输出参数	None
返回值	None
先决条件	None
被调用函数	None
函数名	EXTI_Init
函数原形	void EXTI_Init(EXTI_InitTypeDef * EXTI_InitStruct)
功能描述	外部中断初始化配置
输入参数	EXTI_InitStruct：外部中断初始化结构体，具体参考 EXTI_InitTypeDef 类型
输出参数	None
返回值	None
先决条件	None
被调用函数	None
函数名	NVIC_SetPriorityGrouping
函数原形	void NVIC_SetPriorityGrouping(uint32_t PriorityGroup)
功能描述	设置 NVIC 优先级分组
输入参数	PriorityGroup：优先级分组值，0～7
输出参数	None
返回值	None
先决条件	None
被调用函数	None
函数名	NVIC_Init

续表 5.5.1

函数原形	void NVIC_Init(NVIC_InitTypeDef * NVIC_InitStruct)
功能描述	初始化 NVIC 配置
输入参数	NVIC_InitStruct：NVIC 配置结构体，具体类型参考 NVIC_InitTypeDef
输出参数	None
返回值	None
先决条件	None
被调用函数	None

5.5.4 外部中断例程

1. 外部中断硬件接口分析

（1）外部中断硬件结构原理图

硬件结构原理图如图 5.5.3 所示。

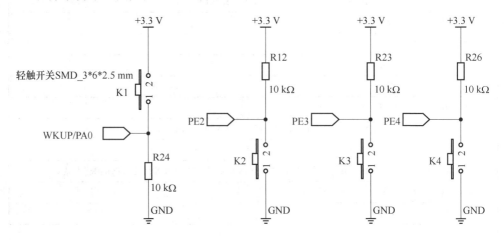

图 5.5.3 硬件原理图

（2）外部中断硬件结构原理图说明

利用按键触发外部中断，利用外部中断实现对按键的检测。

2. 外部中断软件设计思路

（1）初始化

1）初始化外部接口

① 开时钟；

② 配置外部接口为普通输入；

③ 配置外部接口上下拉。

2）初始化外部中断

① 开启 SYSCFG 时钟；

② 配置外部中断线与外部接口连接关系；

③ 初始化外部中断配置；

④ 配置外部中断的 NVIC 控制器。

（2）中断服务函数

① 判断外部中断线标志；

② 清除外部中断线标志；

③ 点亮 LED 灯。

3. 外部中断例程核心代码

（1）外部 I/O 接口初始化

外部 I/O 接口初始化代码如下：

```
static void init_exti_port(void)
{
    /*开启 GPIO 接口时钟*/
    RCC_AHB1PeriphClockCmd(RCC_AHB1Periph_GPIOA, ENABLE);

    GPIO_InitTypeDef init_gpio_struct;
    /*清空结构体变量空间*/
    memset((char *)&init_gpio_struct, 0, sizeof(init_gpio_struct));
    init_gpio_struct.GPIO_Pin = GPIO_Pin_0;
    init_gpio_struct.GPIO_Mode = GPIO_Mode_IN;
    init_gpio_struct.GPIO_PuPd = GPIO_PuPd_NOPULL;
    GPIO_Init(GPIOA, &init_gpio_struct);
}
```

（2）外部中断初始化

外部中断初始化代码如下：

```
static void init_exti_line(void)
{
    /*开启 SYSCFG 外设时钟*/
    RCC_APB2PeriphClockCmd (RCC_APB2Periph_SYSCFG, ENABLE);
    /*将外部中断线 0 的输入源设置为 PA0*/
    SYSCFG_EXTILineConfig(EXTI_PortSourceGPIOA, EXTI_PinSource0);

    EXTI_InitTypeDef init_exti_struct;
    /*清空结构体变量空间*/
```

```
    memset((char *)&init_exti_struct, 0, sizeof(init_exti_struct));
    init_exti_struct.EXTI_Line = EXTI_Line0;
    init_exti_struct.EXTI_Mode = EXTI_Mode_Interrupt;
    init_exti_struct.EXTI_Trigger = EXTI_Trigger_Rising;
    init_exti_struct.EXTI_LineCmd = ENABLE;
    EXTI_Init(&init_exti_struct);

    set_nvic(EXTI0_IRQn, 2, 2);
}


void set_nvic(IRQn_Type irqn,uint32_t preemptpriority,uint32_t subpriority)
{
    NVIC_InitTypeDef init_nvic_structure;
    /* NVIC——中断优先级与分组配置 */
    NVIC_SetPriorityGrouping(NVIC_PRIORITY_GROUP);//设置优先级分组
    /* 使能中断 */
    memset((char *)&init_nvic_structure, 0, sizeof(init_nvic_structure));
    init_nvic_structure.NVIC_IRQChannel = irqn;
    init_nvic_structure.NVIC_IRQChannelPreemptionPriority = preemptpriority;
    init_nvic_structure.NVIC_IRQChannelSubPriority = subpriority;
    init_nvic_structure.NVIC_IRQChannelCmd = ENABLE;
    NVIC_Init(&init_nvic_structure);
}
```

（3）外部中断服务函数

外部中断服务函数的代码如下：

```
void EXTI0_IRQHandler(void)
{
    /* 如果产生了外部中断 */
    if(EXTI_GetITStatus(EXTI_Line0) == SET)
    {
        /* 清除外部中断标志 */
        EXTI_ClearITPendingBit(EXTI_Line0);
        /* 想要实现的功能程序 */
        //熄灭 LED1
        GPIO_SetBits(GPIOC, GPIO_Pin_4);
    }
}
```

5.6 软件中断详解

5.6.1 软件中断介绍

1. 何谓软件中断

软件中断是指利用软件位的配置触发中断事件产生。

2. 软件中断作用

软件中断用于保护一段程序代码。

5.6.2 软件中断框架

软件中断框架如图 5.6.1 所示。

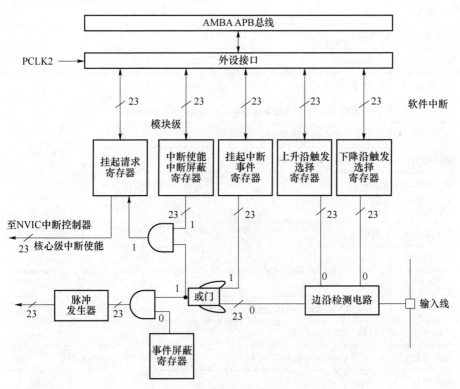

图 5.6.1 外部中断控制框图

根据软件中断框架分析软件中断配置流程：

① 关闭边沿触发；

② 事件屏蔽寄存器关闭；

③ 模块级中断使能；

④ 核心级中断使能。

5.6.3 软件中断相关配置函数

中断相关配置函数如表 5.6.1 所列。

表 5.6.1 中断相关配置函数

函数名	EXTI_Init
函数原形	void EXTI_Init(EXTI_InitTypeDef * EXTI_InitStruct)
功能描述	外部中断初始化配置
输入参数	EXTI_InitStruct：外部中断初始化结构体，具体参考 EXTI_InitTypeDef 类型
输出参数	None
返回值	None
先决条件	None
被调用函数	None
函数名	NVIC_SetPriorityGrouping
函数原形	void NVIC_SetPriorityGrouping(uint32_t PriorityGroup)
功能描述	设置 NVIC 优先级分组
输入参数	PriorityGroup：优先级分组值，0～7
输出参数	None
返回值	None
先决条件	None
被调用函数	None
函数名	NVIC_Init
函数原形	void NVIC_Init(NVIC_InitTypeDef * NVIC_InitStruct)
功能描述	初始化 NVIC 配置
输入参数	NVIC_InitStruct：NVIC 配置结构体，具体类型参考 NVIC_InitTypeDef
输出参数	None
返回值	None
先决条件	None
被调用函数	None

5.6.4　软件中断例程

1. 软件中断软件设计思路

（1）初始化

① 初始化软件中断配置；

② 配置软件中断的 NVIC 控制器。

（2）中断服务函数

① 判断软件中断线标志；

② 清除软件中断线标志；

③ 点亮 LED 灯。

2. 软件中断例程核心代码

（1）初始化软件中断

初始化软件中断的代码如下：

```
void init_soft_it(void)
{
    EXTI_InitTypeDef init_exti_struct;
    memset((char *)&init_exti_struct, 0, sizeof(init_exti_struct));
                                              /*清空结构体变量空间*/
    init_exti_struct.EXTI_Line = EXTI_Line1;
    init_exti_struct.EXTI_Mode = EXTI_Mode_Interrupt;
    init_exti_struct.EXTI_LineCmd = ENABLE;
    EXTI_Init(&init_exti_struct);

    set_nvic(EXTI1_IRQn, 1, 2);
}
```

（2）软件中断服务函数

软件中断服务函数的代码如下：

```
void EXTI1_IRQHandler(void)
{
    /*如果产生了软件中断*/
    if(EXTI_GetITStatus(EXTI_Line1) == SET)
    {
        /*清除软件中断标志*/
        EXTI_ClearITPendingBit(EXTI_Line1);
        /*想要实现的功能程序*/
```

```
/* 编写想要保护的程序代码 */
//熄灭 LED1
GPIO_SetBits(GPIOC, GPIO_Pin_4);
/* 点亮 LED234 灯 */
GPIO_ResetBits(GPIOC, GPIO_Pin_5);
GPIO_ResetBits(GPIOA, GPIO_Pin_6);
GPIO_ResetBits(GPIOA, GPIO_Pin_7);
    }
}
```

5.7 总 结

本章主要介绍了中断的概念，其中涉及两大实验，分别是外部中断和软件中断。利用外部中断可模拟当程序在正常运行过程中遇到外来事件打断时，MCU 可做出的相应处理；而软件中断可达到保护某段代码的作用，但在实际应用中不多，读者可以权衡学习。本章的重难点在于理解外部中断线的框架及相关的配置。

5.8 思考与练习

1. 阐述中断与事件的区别。
2. 阐述外设中断配置基本流程。
3. 阐述外部中断配置基本流程。
4. 外部中断配置注意事项有哪些？
5. 阐述软件中断配置基本流程。
6. 软件中断配置注意事项有哪些？

第 **6** 章

定时器

6.1 定时器简介

6.1.1 定时器的本质与构成

定时器的本质：计数器。

定时器的构成：时钟源＋计数器＋重载值＋预分频器＋比较器。

6.1.2 STM32 的定时器

STM32 中的定时器有很多，对这些定时器进行分类，可分为基本定时器、通用定时器和高级定时器。

三种定时器的特征：

基本定时器的核心功能是定时功能。

通用定时器包含基本定时器的所有功能，然后外加输出信号、捕获信号功能，其中这些信号都是输入/输出到 I/O 口上。

高级定时器包含通用定时器的所有功能，然后外加死区、刹车功能。其主要用于工业控制的伺服电机。

基本定时器除了具有基本定时功能外还具备触发其他设备（DAC、ADC、通用定时器、高级定时器）工作的功能。

6.2 基本定时器详解

6.2.1 基本定时器介绍

基本定时器 TIM6 和 TIM7 包含一个 16 位自动重载计数器，该计数器由可编程预分频器驱动。

此类定时器不仅可用作通用定时器以生成时基（可以作为通用定时器的时钟源），还可以专门用于驱动数/模转换器（DAC）。

这些定时器彼此完全独立,不共享任何资源(每个定时器都可以单独工作,不需要其他定时器的资源)。

6.2.2 基本定时器的特征

基本定时器(TIM6 和 TIM7)的特性包括:

① 16 位自动重载递增计数器;

② 16 位可编程预分频器,用于对计数器时钟频率进行分频(即运行时修改),分频系数 介于 1~65 536 之间;

③ 用于触发 DAC 的同步电路;

④ 发生如下更新事件时会生成中断/DMA 请求:计数器上溢(计数器上溢会产生更新事件,更新事件能够产生中断/DMA 请求)。

6.2.3 基本定时器框架

定时器的工作原理如图 6.2.1 所示。

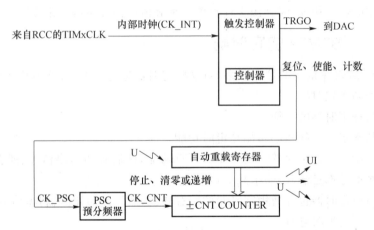

图 6.2.1 基本定时器工作原理

在对图 6.2.1 的理解基础上,读者可以思考下面 2 个问题(答案可见 6.4 节的相关内容):

- 什么时候用自动重载值寄存器的缓冲功能?
- 什么时候用自动重载值寄存器的不带缓冲功能?

UG 位:可以让计数器清 0,自动重载值写入影子寄存器。清除分频器的值不会改变分频比。

计算预分频与自动重载值如何设定？

假设 TIM6 和 TIM7 要定时 5 秒钟；预分频：8 400；自动重载值：50 000；注意：范围应在 0～65 535 内。

配置流程：

① 选择一个定时时长，确定预分频与重载值；

② 确定是否使用缓冲功能（UG 位）；

③ 使能定时器；

④ 等待时间到。

6.2.4 基本定时器相关配置函数

基本定时器的相关配置函数如表 6.2.1 所列。

表 6.2.1　基本定时器的相关配置函数

函数名	TIM_DeInit
函数原形	void TIM_DeInit(TIM_TypeDef * TIMx)
功能描述	复位定时器初始化
输入参数	TIMx：x 取值范围，1～14
输出参数	None
返回值	None
先决条件	None
被调用函数	None
函数名	TIM_TimeBaseInit
函数原形	void TIM_TimeBaseInit(TIM_TypeDef * TIMx, TIM_TimeBaseInitTypeDef * TIM_TimeBaseInitStruct)
功能描述	定时器初始化
输入参数 1	TIMx：x 取值范围，1～14
输入参数 2	TIM_TimeBaseInitStruct：初始化配置结构体，具体参考 TIM_TimeBaseInitTypeDef 类型定义
输出参数	None
返回值	None
先决条件	None
被调用函数	None
函数名	TIM_ClearFlag
函数原形	void TIM_ClearFlag(TIM_TypeDef * TIMx, uint16_t TIM_FLAG)
功能描述	清除定时器产生的标志
输入参数 1	TIMx：x 取值范围，1～14

输入参数 2	TIM_FLAG:定时器标志,如 TIM_FLAG_Update、TIM_FLAG_CC1、TIM_FLAG_CC1OF
输出参数	None
返回值	None
先决条件	None
被调用函数	None
函数名	TIM_GetFlagStatus
函数原形	FlagStatus TIM_GetFlagStatus(TIM_TypeDef * TIMx, uint16_t TIM_FLAG)
功能描述	获取定时器标志
输入参数 1	TIMx:x 取值范围,1~14
输入参数 2	TIM_FLAG:定时器标志,如 TIM_FLAG_Update、TIM_FLAG_CC1、TIM_FLAG_CC1OF
输出参数	SET or RESET
返回值	None
先决条件	None
被调用函数	None
函数名	TIM_Cmd
函数原形	void TIM_Cmd(TIM_TypeDef * TIMx, FunctionalState NewState)
功能描述	定时器使能
输入参数 1	TIMx:x 取值范围,1~14
输入参数 2	NewState:ENABLE 或 DISABLE
输出参数	None
返回值	None
先决条件	None
被调用函数	None
函数名	TIM_ITConfig
函数原形	void TIM_ITConfig(TIM_TypeDef * TIMx, uint16_t TIM_IT, FunctionalState NewState)
功能描述	配置定时器外设中断
输入参数 1	TIMx:x 取值范围,1~14
输入参数 2	TIM_IT:外设中断类型,如 TIM_IT_Update、TIM_IT_CC1、TIM_IT_CC2
输入参数 3	NewState:ENABLE 或 DISABLE
输出参数	None
返回值	None

先决条件	None
被调用函数	None
函数名	TIM_GetITStatus
函数原形	ITStatus TIM_GetITStatus(TIM_TypeDef * TIMx, uint16_t TIM_IT)
功能描述	获取定时器外设中断标志
输入参数 1	TIMx：x 取值范围，1～14
输入参数 2	TIM_IT：外设中断类型，如 TIM_IT_Update、TIM_IT_CC1、TIM_IT_CC2
输出参数	SET 或 RESET
返回值	None
先决条件	None
被调用函数	None
函数名	TIM_ClearITPendingBit
函数原形	void TIM_ClearITPendingBit(TIM_TypeDef * TIMx, uint16_t TIM_IT)
功能描述	获取定时器外设中断标志
输入参数 1	TIMx：x 取值范围，1～14
输入参数 2	TIM_IT：外设中断类型，如 TIM_IT_Update、TIM_IT_CC1、TIM_IT_CC2
输出参数	None
返回值	None
先决条件	None
被调用函数	None
函数名	NVIC_SetPriorityGrouping
函数原形	void NVIC_SetPriorityGrouping(uint32_t PriorityGroup)
功能描述	设置 NVIC 优先级分组
输入参数	PriorityGroup：优先级分组值，0～7
输出参数	None
返回值	None
先决条件	None
被调用函数	None
函数名	NVIC_Init
函数原形	void NVIC_Init(NVIC_InitTypeDef * NVIC_InitStruct)
功能描述	初始化 NVIC 配置
输入参数	NVIC_InitStruct：NVIC 配置结构体，具体类型参考 NVIC_InitTypeDef
输出参数	None
返回值	None
先决条件	None
被调用函数	None

6.2.5 基本定时器例程

1. 基本定时器软件设计思路

（1）基本定时器软延时

初始化：

① 开时钟；

② 复位定时器；

③ 初始化定时器；

④ 清除一次定时器更新标志；

⑤ 开启定时器；

⑥ 等待定时器时间到；

⑦ 清除一次定时器更新标志；

⑧ 关闭定时器。

（2）基本定时器利用中断定时

1）初始化

① 开时钟；

② 复位定时器；

③ 初始化定时器；

④ 清除一次定时器更新标志；

⑤ 开启定时器外设中断；

⑥ 开启定时器 NVIC 控制器；

⑦ 开启定时器。

2）中断服务函数

① 获取更新中断标志；

② 清除更新中断标志；

③ 完成中断服务功能代码。

2. 基本定时器例程核心代码

（1）基本定时器软延时配置

基本定时器软延时配置代码如下：

```
void basc_time_delay_one_second(void)
{
    /* 开时钟 */
    RCC_APB1PeriphClockCmd(RCC_APB1Periph_TIM6, ENABLE);

    /* 让定时器 6 恢复到默认状态 */
```

```
    TIM_DeInit(TIM6);

    TIM_TimeBaseInitTypeDef init_timebase_struct;
    memset((char *)&init_timebase_struct, 0, sizeof(init_timebase_struct));
    init_timebase_struct.TIM_Prescaler = BASC_TIME_PRESCALER; /* 配置预分频 */
    init_timebase_struct.TIM_Period = BASC_TIME_PERIOD;         /* 配置自动重载值 */
    TIM_TimeBaseInit(TIM6, &init_timebase_struct);
    /* 初始化完基本定时器会产生一次更新标志,需要清除这一次标志 */
    TIM_ClearFlag(TIM6, TIM_FLAG_Update);

    TIM_Cmd(TIM6, ENABLE);/* 开启定时器 */

    /* 等待定时时间到 */
    while(TIM_GetFlagStatus(TIM6, TIM_FLAG_Update) == RESET)
    {
        ;
    }
    TIM_ClearFlag(TIM6, TIM_FLAG_Update);

    TIM_Cmd(TIM6, DISABLE);/* 关闭定时器 */
}
```

(2) 基本定时器利用中断定时

基本定时器利用中断定时的代码如下：

```
void init_basic_timer_irq_one_second(void)
{
    /* 开时钟 */
    RCC_APB1PeriphClockCmd(RCC_APB1Periph_TIM6, ENABLE);

    /* 让定时器 6 恢复到默认状态 */
    TIM_DeInit(TIM6);

    TIM_TimeBaseInitTypeDef init_timebase_struct;
    memset((char *)&init_timebase_struct, 0, sizeof(init_timebase_struct));
    init_timebase_struct.TIM_Prescaler = BASC_TIME_PRESCALER; /* 配置预分频 */
    init_timebase_struct.TIM_Period = BASC_TIME_PERIOD;         /* 配置自动重载值 */
    TIM_TimeBaseInit(TIM6, &init_timebase_struct);
    /* 初始化完基本定时器会产生一次更新标志,需要清除这一次标志 */
    TIM_ClearFlag(TIM6, TIM_FLAG_Update);
```

```
    /* 设置 NVIC */
    set_nvic(TIM6_DAC_IRQn, 1, 2);

    /* 设置定时器的外设中断功能 */
    TIM_ITConfig(TIM6, TIM_IT_Update, ENABLE);

    TIM_Cmd(TIM6, ENABLE);/* 开启定时器 */
}

void TIM6_DAC_IRQHandler(void)
{
    /* 判断标志 */
    if(TIM_GetITStatus(TIM6, TIM_IT_Update) == SET)
    {
        /* 清除标志 */
        TIM_ClearITPendingBit(TIM6, TIM_IT_Update);

        /* 做自己想做的事情 */
        printf("www.xingyinda.cn\r\n");
    }

}
```

6.3 通用定时器详解

6.3.1 通用定时器简介

通用定时器具备基本定时器的所有功能,如时钟源的范围很广(外设时钟、其他定时器可以作为通用定时器时钟源、外部输入时钟源)、捕获外部的波形(方波)、输出波形到 I/O 口(方波、PWM 波)。

PWM:脉冲宽度调制。波形的周期不变,波形的占空比可以改变。占空比:高电平时间比上周期。

分析通用定时器,需要从 4 方面分析:时钟源、基本定时、捕获输入和比较输出。

6.3.2 通用定时器框架

通用定时器框架如图 6.3.1 所示。

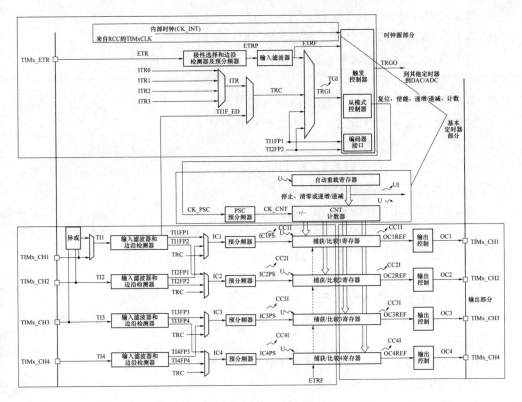

图 6.3.1　通用定时器框架图

6.3.3　通用定时器时钟源

1. 外设时钟配置

想要外设时钟工作：

① 配置 TIMx_SMCR 寄存器的 SMS 与 ECE；

② 开启外设时钟。

内部时钟配置说明：

如果禁止从模式控制器（TIMx_SMCR 寄存器中 SMS＝000），则 CEN 位、DIR 位（TIMx_CR1 寄存器中）和 UG 位（TIMx_EGR 寄存器中）为实际控制位，并且只能通过软件进行更改（UG 除外，仍自动清零）。当对 CEN 位写入 1 时，预分频器的时钟就由内部时钟源 CK_INT 提供。

2. 外部时钟源模式 1

外部时钟源模式 1 的设置：当 TIMx_SMCR 寄存器中的 SMS＝111 时，可选择此模式。计数器可在选定的输入信号上出现上升沿或下降沿时计数。

想要外部时钟源模式 1 工作：

第 1 步：配置 TIMx_SMCR 寄存器的 SMS 与 ECE。

第 2 步：从此步开始需要根据不同的输入进行选择，如下：

情况 1：外部输入 ETR

需要配置 ETR 边沿触发器、分频器和过滤器。

注意：需要配置 I/O 口，I/O 口上还需要有个信号源。

情况 2：ITRx 作为输入源

需要配置一个前级定时器，选择 ITRx 的输入源，配置 TRC 的输入源为 ITRx，配置 TRC 作为 TRGI 的输入源。

情况 3：TI1F_ED 作为输入源

配置 TI1 的 I/O 口；配置 TI1 的过滤器与边沿检测器，配置 TRC 的输入源为 TI1F_ED，配置 TRC 作为 TRGI 的输入源。

注意：需要配置 I/O 口，I/O 口上还需要有信号源。

情况 4：TI1FP1 作为输入源

配置 TI1 的 I/O 口；配置 TI1 的过滤器与边沿检测器，配置 TRGI 的输入源为 TI1FP1。

注意：需要配置 I/O 口，I/O 口上还需要有信号源。

情况 5：TI2FP2 作为输入源

配置 TI2 的 I/O 口；配置 TI2 的过滤器与边沿检测器，配置 TRGI 的输入源为 TI2FP2。

注意：需要配置 I/O 口，I/O 口上还需要有信号源。

3. 外部时钟源模式 2

通过在 TIMx_SMCR 寄存器中写入 ECE＝1 可选择外部时钟源模式 2。计数器可在外部触发输入 ETR 出现上升沿或下降沿时计数。

想要外部时钟源模式 2 工作：

第 1 步：配置 TIMx_SMCR 寄存器的 ECE；

第 2 步：需要配置 ETR 的边沿触发器、分频器和过滤器。

注意：需要配置 I/O 口，I/O 口上还需要有信号源。

6.3.4　通用定时器比较输出

1. 比较输出原理

比较输出：输出控制寄存器与计数器进行比较，控制输出波形。

比较输出的控制如图 6.3.2 所示。

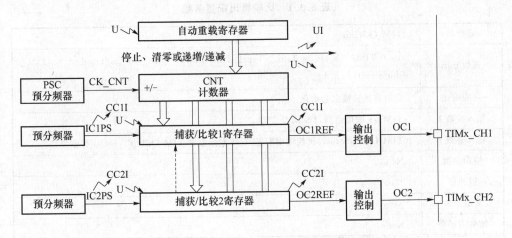

图 6.3.2 比较输出原理

2. 比较输出框架分析

比较输出框架如图 6.3.3 所示。

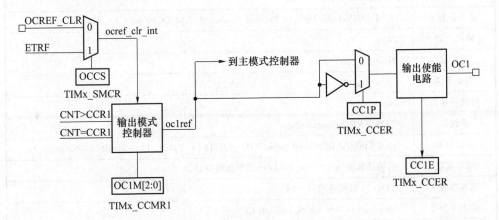

图 6.3.3 比较输出框架图

想要比较输出一个信号,需要进行如下操作:

① 配置基本定时器(选择外设时钟作为时钟源);

② 配置 TIMx_CCMRx 寄存器;

③ 配置 TIMx_CCER 寄存器。

3. 比较输出相关配置函数

比较输出的相关配置函数如表 6.3.1 所列。

表 6.3.1　比较输出配置函数

函数名	TIM_OC1Init
函数原形	void TIM _ OC1Init（TIM _ TypeDef ＊ TIMx，TIM _ OCInitTypeDef ＊ TIM _ OCInitStruct）
功能描述	定时器比较输出初始化
输入参数 1	TIMx：x 取值范围，1～14
输入参数 2	TIM_OCInitStruct：比较输出配置，具体配置参考 TIM_OCInitTypeDef 数据类型
输出参数	None
返回值	None
先决条件	None
被调用函数	None
函数名	TIM_OC1PreloadConfig
函数原形	void TIM_OC1PreloadConfig(TIM_TypeDef＊ TIMx, uint16_t TIM_OCPreload)
功能描述	启用或禁用 CCR1 上的 TIMx 外设预加载寄存器
输入参数 1	TIMx：x 取值范围，1～14
输入参数 2	TIM_OCPreload：TIM_OCPreload_Enable 或 TIM_OCPreload_Disable
输出参数	None
返回值	None
先决条件	None
被调用函数	None
函数名	TIM_ARRPreloadConfig
函数原形	void TIM_ARRPreloadConfig(TIM_TypeDef＊ TIMx, FunctionalState NewState)
功能描述	启用或禁用 ARR 上的 TIMx 外设预加载寄存器
输入参数 1	TIMx：x 取值范围，1～14
输入参数 2	NewState：ENABLE 或 DISABLE
输出参数	None
返回值	None
先决条件	None
被调用函数	None

4. 比较输出例程

（1）比较输出硬件结构分析

① 比较输出硬件结构原理图如图 6.3.4 所示。

② 比较输出硬件结构原理图分析。在 PA6 引脚上具有定时器 3 的通道 1 的比

较输出功能,利用定时器 3 的通道 1 输出 PWM 波可以控制 LED3 灯的亮度。

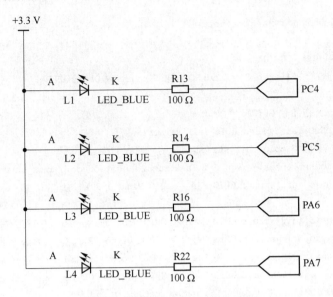

图 6.3.4 比较输出硬件结构原理图

(2) 比较输出软件流程设计

1) 初始化 I/O 接口

① 开启时钟;

② 配置 I/O 接口模式为复用功能输出;

③ 配置输出类型推挽;

④ 配置输出速度低速;

⑤ 配置上下拉为无上下拉;

⑥ 配置具体复用类型为定时器 3。

2) 初始化定时器 3 的通道 1 输出 PWM 波

① 开启定时器时钟;

② 复位定时器;

③ 初始化定时器;

④ 清除一次定时器更新标志;

⑤ 初始化定时器输出比较;

⑥ 使能 CCR1 预装载使能;

⑦ 使能 ARR 预装载使能;

⑧ 开启定时器。

(3) 比较输出例程核心代码

1) 初始化 I/O 接口

初始化 I/O 接口的代码如下：

```
01   void init_pwm_out_port(void)
02   {
03       /* 开启 GPIOA 时钟 */
04       RCC_AHB1PeriphClockCmd(RCC_AHB1Periph_GPIOA, ENABLE);
05
06       /* 初始化 GPIOA6/7 接口 */
07       GPIO_InitTypeDef gpio_init_struct;
08       /* 清空 gpio_init_struct 结构空间原有的内容 */
09       memset((char *)&gpio_init_struct, 0, sizeof(gpio_init_struct));
10       gpio_init_struct.GPIO_Pin = GPIO_Pin_6 | GPIO_Pin_7;
                                                         /* 选择具体引脚 */
11       gpio_init_struct.GPIO_Mode = GPIO_Mode_AF;      /* 选择模式 */
12       gpio_init_struct.GPIO_OType = GPIO_OType_PP;    /* 选择输出类型 */
13       gpio_init_struct.GPIO_Speed = GPIO_Speed_25MHz; /* 选择输出速度 */
14       gpio_init_struct.GPIO_PuPd = GPIO_PuPd_NOPULL;  /* 选择上拉/下拉 */
15       GPIO_Init(GPIOA, &gpio_init_struct);
16
17       /* 选择 GPIOA6 的复用类型 */
18       GPIO_PinAFConfig(GPIOA, GPIO_PinSource6, GPIO_AF_TIM3);
19
20       /* 选择 GPIOA7 的复用类型 */
21       GPIO_PinAFConfig(GPIOA, GPIO_PinSource7, GPIO_AF_TIM3);
22   }
```

2) 初始化定时器 3 的通道 1 输出 PWM 波

初始化定时器 3 的通道 1 输出 PWM 波，具体代码如下：

```
01   void init_pwm_out_timer(void)
02   {
03       /* 开时钟 */
04       RCC_APB1PeriphClockCmd(RCC_APB1Periph_TIM3, ENABLE);
05
06       /* 让定时器 3 恢复到默认状态 */
07       TIM_DeInit(TIM3);
08
09       TIM_TimeBaseInitTypeDef init_timebase_struct;
10       memset((char *)&init_timebase_struct, 0, sizeof(init_timebase_struct));
11       init_timebase_struct.TIM_Prescaler = PWM_OUT_PRESCALER; /* 配置预分频 */
12       init_timebase_struct.TIM_Period = PWM_OUT_PERIOD;        /* 配置自动重载值 */
```

```
13        TIM_TimeBaseInit(TIM3, &init_timebase_struct);/* 目前 PWM 周期为 1 kHz */

14        /*初始化完基本定时器会产生一次更新标志,需要清除这一次标志 */

15        TIM_ClearFlag(TIM3, TIM_FLAG_Update);

16

17        TIM_OCInitTypeDef init_tim_oc_struct;

18        memset((char *)&init_tim_oc_struct, 0, sizeof(init_tim_oc_struct));

19        //初始化 TIM3 Channel1 PWM 模式

20        init_tim_oc_struct.TIM_OCMode = TIM_OCMode_PWM1;
                             //选择定时器模式:TIM 脉冲宽度调制模式 2

21        init_tim_oc_struct.TIM_OutputState = TIM_OutputState_Enable;
                             //比较输出使能

22        init_tim_oc_struct.TIM_OCPolarity = TIM_OCPolarity_Low;
                             //输出极性:TIM 输出比较极性低

23        init_tim_oc_struct.TIM_Pulse = PWM_OUT_ONE_PULSE;
                             /* 比较值为 10%——灯的亮度为 10% */

24        TIM_OC1Init(TIM3, &init_tim_oc_struct);
                             //根据 T 指定的参数初始化外设 TIM1 4OC1

25

26        TIM_OC1PreloadConfig(TIM3, TIM_OCPreload_Enable);
                             //使能 TIM3 在 CCR1 上的预装载寄存器

27

28        TIM_ARRPreloadConfig(TIM3,ENABLE);   //ARPE 使能

29

30        TIM_Cmd(TIM3, ENABLE);   /* 开启定时器 */

31    }
```

6.3.5　通用定时器捕获输入

1. 捕获输入原理

捕获一些 PWM 信号或方波,用于波形的频率检测。

假设需要捕获一个高电平时间长度:

第 1 步:检测到上升沿,开始计时;

第 2 步:检测到下降沿,结束计时。

注意:需要记录溢出次数用于总时间判断,计数器的开启和关闭必须手动完成。

计数器配置的过程如图 6.3.5 所示。

通过上下升沿的捕获使得外部 I/O 口的信号能够到达捕获寄存器。

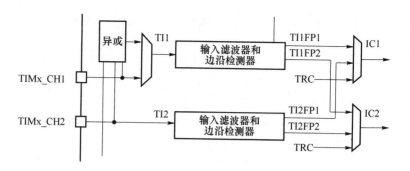

图 6.3.5   计数器配置的过程

2. 捕获输入框架分析

捕获输入的框架如图 6.3.6 所示。

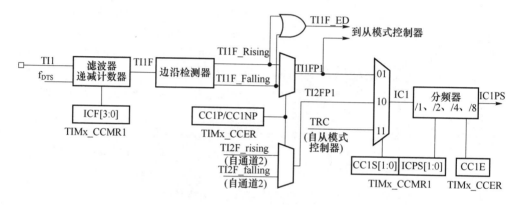

图 6.3.6   捕获输入框架图

捕获输入配置分析：

① 配置 GPIO 口；

② 配置基本定时器；

③ 配置 CCMR1 寄存器；

④ 配置 CCER 寄存器；

⑤ 配置 EGR 寄存器；

⑥ 配置 SMCR 寄存器；

⑦ 配置捕获中断功能；

⑧ 配置 NVIC。

3. 捕获输入相关配置函数

捕获输入的相关配置函数,如表 6.3.2 所列。

表 6.3.2 捕获输入的相关配置函数

函数名	TIM_ICInit
函数原形	void TIM_ICInit(TIM_TypeDef * TIMx, TIM_ICInitTypeDef * TIM_ICInitStruct)
功能描述	定时器捕获输入初始化
输入参数 1	TIMx:x 取值范围,1～14
输入参数 2	TIM_ICInitStruct:捕获输入配置,具体配置参考 TIM_ICInitTypeDef 数据类型
输出参数	None
返回值	None
先决条件	None
被调用函数	None
函数名	TIM_PWMIConfig
函数原形	void TIM _ PWMIConfig (TIM _ TypeDef * TIMx, TIM _ ICInitTypeDef * TIM _ ICInitStruct)
功能描述	定时器 PWM 捕获输入初始化
输入参数 1	TIMx:x 取值范围,1～14
输入参数 2	TIM_ICInitStruct:捕获输入配置,具体配置参考 TIM_ICInitTypeDef 数据类型
输出参数	None
返回值	None
先决条件	None
被调用函数	None
函数名	TIM_SelectInputTrigger
函数原形	void TIM _ SelectInputTrigger (TIM _ TypeDef * TIMx, uint16 _ t TIM _ InputTriggerSource)
功能描述	定时器选择触发输入信号源
输入参数 1	TIMx:x 取值范围,1～14
输入参数 2	TIM_InputTriggerSource:触发信号源,如 TIM_TS_ITR0、TIM_TS_ITR1、TIM_TS_TI1FP1
输出参数	None
返回值	None
先决条件	None
被调用函数	None
函数名	TIM_SelectSlaveMode
函数原形	void TIM_SelectSlaveMode(TIM_TypeDef * TIMx, uint16_t TIM_SlaveMode)
功能描述	定时器从模式选择
输入参数 1	TIMx:x 取值范围,1～14

函数名	TIM_ICInit
输入参数 2	TIM_SlaveMode：从模式类型，如 TIM_SlaveMode_Reset、TIM_SlaveMode_Gated
输出参数	None
返回值	None
先决条件	None
被调用函数	None
函数名	TIM_SelectMasterSlaveMode
函数原形	void TIM_SelectMasterSlaveMode（TIM_TypeDef * TIMx，uint16_t TIM_MasterSlaveMode)
功能描述	定时器从模式功能使能
输入参数 1	TIMx：x 取值范围，1～14
输入参数 2	TIM_MasterSlaveMode：使能配置，TIM_MasterSlaveMode_Enable 或 TIM_MasterSlaveMode_Disable
输出参数	None
返回值	None
先决条件	None
被调用函数	None

4. 捕获输入例程

（1）脉冲波捕获输入例程

1）脉冲波捕获输入硬件结构分析

① 脉冲波捕获输入硬件结构原理图如图 6.3.7 所示。

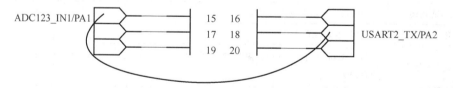

图 6.3.7　脉冲波捕获输入硬件结构原理图

② 脉冲波捕获输入硬件结构原理分析。利用 PA1 引脚上的定时器 5 的通道 2 捕获 PA1 引脚输出的脉冲信号。

2）脉冲波捕获输入软件设计思路

① 初始化 I/O 接口：

a. 开启时钟；

b. 配置接口模式为复用功能；

c. 配置上下拉为无上下拉；

d. 配置复用类型为定时器5。

② 初始化定时器5的通道2捕获输入 PWM 波：

a. 开启时钟；

b. 复位定时器；

c. 初始化定时器；

d. 清除一次定时器更新标志；

e. 初始化捕获输入；

f. 捕获中断使能；

g. 定时器5的 NVIC 控制器使能；

h. 关闭定时器。

③ 中断服务函数：

a. 判断捕获输入标志；

b. 清除捕获输入标志；

c. 判断是否为高电平，如果是高电平则开启定时器；如果是低电平则关闭定时器并输出捕获值，该捕获值就是脉冲波的高电平时间。

3）脉冲波捕获输入例程核心代码

① GPIO 接口初始化代码如下：

```
01    static void init_capture_pulse_port(void)
02    {
03        /* 开启 GPIOA 时钟 */
04        RCC_AHB1PeriphClockCmd(RCC_AHB1Periph_GPIOA, ENABLE);
05
06        /* 初始化 GPIOA1 接口 */
07        GPIO_InitTypeDef gpio_init_struct;
08        /* 清空 gpio_init_struct 结构空间原有的内容 */
09        memset((char *)&gpio_init_struct, 0, sizeof(gpio_init_struct));
10        gpio_init_struct.GPIO_Pin = GPIO_Pin_1;              /* 选择具体引脚 */
11        gpio_init_struct.GPIO_Mode = GPIO_Mode_AF;           /* 选择模式 */
12        gpio_init_struct.GPIO_PuPd = GPIO_PuPd_NOPULL;       /* 选择上拉/下拉 */
13        GPIO_Init(GPIOA, &gpio_init_struct);
14
15        /* 选择 GPIOA1 的复用类型 */
16        GPIO_PinAFConfig(GPIOA, GPIO_PinSource1, GPIO_AF_TIM5);
17    }
```

② 脉冲捕获输入定时器初始化代码如下：

```
01    static void init_capture_pulse_timer(void)
02    {
03        /* 开时钟 */
04        RCC_APB1PeriphClockCmd(RCC_APB1Periph_TIM5, ENABLE);
05
06        /* 让定时器 3 恢复到默认状态 */
07        TIM_DeInit(TIM5);
08
09        TIM_TimeBaseInitTypeDef init_timebase_struct;
10        memset((char *)&init_timebase_struct, 0, sizeof(init_timebase_struct));
11        init_timebase_struct.TIM_Prescaler = CAPTURE_PULSE_PRESCALER;
                                                    /* 配置预分频 */
12        init_timebase_struct.TIM_Period = CAPTURE_PULSE_PERIOD;
                                                    /* 配置自动重载值 */
13        TIM_TimeBaseInit(TIM5, &init_timebase_struct); /* 目前 PWM 周期为 1 kHz */
14        /* 初始化完基本定时器会产生一次更新标志,需要清除这一次标志 */
15        TIM_ClearFlag(TIM5, TIM_FLAG_Update);
16
17        TIM_ICInitTypeDef init_tim_icstruct;
18        init_tim_icstruct.TIM_Channel = TIM_Channel_2;
                                            /* 选择 TI2 作为输入源----CH2 */
19        init_tim_icstruct.TIM_ICFilter = 0x00;   /* 根据实际情况选择不滤波 */
20        init_tim_icstruct.TIM_ICPolarity = TIM_ICPolarity_BothEdge;
                                            /* 选择上升沿与下降沿都捕获 */
21        init_tim_icstruct.TIM_ICSelection = TIM_ICSelection_DirectTI;
                                            /* 选择 IC2 的输入源为 TI2 */
22        init_tim_icstruct.TIM_ICPrescaler = TIM_ICPSC_DIV1;   /* 不进行分频 */
23        TIM_ICInit(TIM5, &init_tim_icstruct);
24
25        TIM_ITConfig(TIM5, TIM_IT_CC2, ENABLE); /* 捕获中断使能 */
26        set_nvic(TIM5_IRQn, 1, 1);
27
28        TIM_Cmd(TIM5, DISABLE);
29    }
```

③ 中断服务函数的代码如下：

```
01    void TIM5_IRQHandler(void)
02    {
03        if(TIM_GetITStatus(TIM5, TIM_IT_CC2) == SET)
04        {
```

```
05              /* 清除标志 */
06              TIM_ClearITPendingBit(TIM5, TIM_IT_CC2);
07
08              if(GPIO_ReadInputDataBit(GPIOA, GPIO_Pin_1) == Bit_SET)
09              {
10                  /* 当前进来的是上升沿 */
11                  TIM_Cmd(TIM5, ENABLE);
12
13                  //printf("file: %s\tline: %d\r\n", __FILE__, __LINE__);
14              }
15              else
16              {
17                  /* 当前进来的是下降沿 */
18                  TIM_Cmd(TIM5, DISABLE);
19                  /* 计数器为 1μs 计一个数,这个数打印多少就表示当前脉冲波为多少
                    /* 微秒 */
20                  printf("capture pulse: %d\r\n", TIM_GetCapture2(TIM5));
21              }
22          }
23      }
```

（2）PWM 波捕获输入例程

1）PWM 捕获输入硬件结构分析

① PWM 捕获输入硬件结构原理图如图 6.3.8 所示。

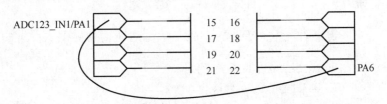

图 6.3.8　PWM 波捕获输入硬件结构原理图

② PWM 波捕获输入硬件结构原理图分析。利用 PA1 引脚上的定时器 5 的通道 2 捕获 PA6 引脚输出的 PWM 波信号。

2）PWM 波捕获输入软件设计思路

① 初始化 I/O 接口：

a. 开启时钟；

b. 配置接口模式为复用功能；

c. 配置上下拉为无上下拉；

d. 配置复用类型为定时器 5。

② 初始化定时器 5 的通道 2 捕获输入 PWM 波：

a. 开启时钟；

b. 复位定时器；

c. 初始化定时器；

d. 清除一次定时器更新标志；

e. 初始化 PWM 捕获输入；

f. 设置从模式信号输入源；

g. 配置从模式的模式；

h. 开启从模式功能；

i. 捕获中断使能；

j. 定时器 5 的 NVIC 控制器使能；

k. 开启定时器。

③ 中断服务函数：

a. 判断捕获输入标志；

b. 清除捕获输入标志；

c. 读取 PWM 波的周期计数值；

d. 读取 PWM 波的高电平计数值。

3）PWM 波捕获输入例程核心代码

① GPIO 接口初始化代码如下：

```
01    static void init_pwminput_port(void)
02    {
03        /*开启 GPIOA 时钟 */
04        RCC_AHB1PeriphClockCmd(RCC_AHB1Periph_GPIOA, ENABLE);
05
06        /*初始化 GPIOA1 接口 */
07        GPIO_InitTypeDef gpio_init_struct;
08        /*清空 gpio_init_struct 结构空间原有的内容 */
09        memset((char *)&gpio_init_struct, 0, sizeof(gpio_init_struct));
10        gpio_init_struct.GPIO_Pin = GPIO_Pin_1;          /*选择具体引脚 */
11        gpio_init_struct.GPIO_Mode = GPIO_Mode_AF;       /*选择模式 */
12        gpio_init_struct.GPIO_PuPd = GPIO_PuPd_NOPULL;   /*选择上拉/下拉 */
13        GPIO_Init(GPIOA, &gpio_init_struct);
14
15        /*选择 GPIOA1 的复用类型 */
16        GPIO_PinAFConfig(GPIOA, GPIO_PinSource1, GPIO_AF_TIM5);
17    }
```

② PWM 波捕获输入定时器初始化代码如下：

```
01    static void init_pwminput_timer(void)
02    {
03        /* 开时钟 */
04        RCC_APB1PeriphClockCmd(RCC_APB1Periph_TIM5, ENABLE);
05
06        /* 让定时器 3 恢复到默认状态 */
07        TIM_DeInit(TIM5);
08
09        TIM_TimeBaseInitTypeDef init_timebase_struct;
10        memset((char *)&init_timebase_struct, 0, sizeof(init_timebase_struct));
11        init_timebase_struct.TIM_Prescaler = PWMINPUT_PRESCALER;
                                                /* 配置预分频 */
12        init_timebase_struct.TIM_Period = PWMINPUT_PERIOD;
                                                /* 配置自动重载值 */
13        TIM_TimeBaseInit(TIM5, &init_timebase_struct);
                                                /* 目前 PWM 周期为 1 kHz */
14        /* 初始化完基本定时器会产生一次更新标志,需要清除这一次标志 */
15        TIM_ClearFlag(TIM5, TIM_FLAG_Update);
16
17        TIM_ICInitTypeDef init_tim_icstruct;
18        init_tim_icstruct.TIM_Channel = TIM_Channel_2;
                                                /* 选择 TI2 作为输入源 ---- CH2 */
19        init_tim_icstruct.TIM_ICFilter = 0x00;    /* 根据实际情况选择不滤波 */
20        init_tim_icstruct.TIM_ICPolarity = TIM_ICPolarity_Falling;
                                                /* 选择下降沿捕获 */
21        init_tim_icstruct.TIM_ICSelection = TIM_ICSelection_DirectTI;
                                                /* 选择 IC2 的输入源为 TI2 */
22        init_tim_icstruct.TIM_ICPrescaler = TIM_ICPSC_DIV1;
                                                /* 不进行分频 */
23        TIM_PWMIConfig(TIM5, &init_tim_icstruct);
24        TIM_SelectInputTrigger(TIM5, TIM_TS_TI2FP2);    /* 选择从模式输入源 */
25        TIM_SelectSlaveMode(TIM5, TIM_SlaveMode_Reset);
                                                /* 选择从模式为复位模式 */
26        TIM_SelectMasterSlaveMode(TIM5, TIM_MasterSlaveMode_Enable);
                                                /* 开启从模式功能 */
27
28        TIM_ITConfig(TIM5, TIM_IT_CC2, ENABLE);    /* 捕获中断使能 */
29        set_nvic(TIM5_IRQn, 1, 1);
30
31        TIM_Cmd(TIM5, ENABLE);
32    }
```

③ 中断服务函数的代码如下：

```
01    void TIM5_IRQHandler(void)
02    {
03        if(TIM_GetITStatus(TIM5, TIM_IT_CC2) == SET)
04        {
05            /* 清除标志 */
06            TIM_ClearITPendingBit(TIM5, TIM_IT_CC2);
07
08            printf("low power: %d\r\n", TIM_GetCapture1(TIM5) + 1);
09            printf("sum power: %d\r\n", TIM_GetCapture2(TIM5) + 1);
10        }
11    }
```

6.4 总 结

对于缓冲功能的问题：

- 不带缓冲功能：定时器只需要固定地定一个时间，该项目中不需要改变该定时器的定时。例如，该定时器1 s点亮LED灯，1 s熄灭LED灯。
- 带缓冲功能：定时一个时间后要换时间。

本章主要学习了基本定时器的定时功能以及通用定时器的PWM波和输入捕获功能的实现，重难点在于理解捕获输入及PWM波的输出框图及相关的配置，读者应多花时间去理解其功能的实现。

6.5 思考与练习

1. 阐述基本定时器的配置过程。
2. 阐述比较输出的配置过程。
3. 阐述捕获输入的配置过程。

第 **7** 章

模/数转换器

7.1 模/数转换器概述

7.1.1 模/数转换器的用途

MCU 只能处理数字量,如果需要 MCU 区分多值输入信号,则需要将多值信号通过模/数转换器转换成数字量供 MCU 处理。模/数转换器一般用在各类传感器上,还有部分用在音视频处理上。

7.1.2 模/数转换器的原理

模/数转换器分为两个步骤:采样+转换;分两种模式:并联比较型+逐次逼近型。

1. 并联比较型

并联比较型如图 7.1.1 所示。

并联比较型的构成:分压部分+比较部分+编码部分。

E:参考电压值;

u_x:输入进来的模拟信号。

示例:$E=8$ V。

当 u_x 输入 3 V 时,发现 u_x 与 $3E/8$ 相等,于是在 C 产生一个信号,这时编码器输出 3。

2. 逐次逼近型

逐次逼近型好比用天平秤物体。逐次逼近型的构成:一个最小的刻度电压值(砝码)、比较器(天平的指针)、一个编码器(计数器即可)、一个基准电压。

优点:构成简单,线路简单。

缺点:速度比较慢。

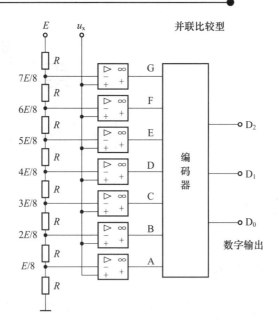

图 7.1.1 并联比较型

7.1.3 模/数转换器的主要参数

- 分辨率：它表明 A/D 对模拟信号的分辨能力，由它确定能被 A/D 辨别的最小模拟量变化，通常为 8 位、10 位、12 位、16 位等。

- 转换时间：转换时间是 A/D 完成一次转换所需要的时间。一般转换速度越快越好。

- 量化误差：在 A/D 转换中由整量化产生的固有误差。量化误差在 $\pm\frac{1}{2}$ LSB（最低有效位）之间。

- 绝对精度：对于 A/D，指的是对应于一个给定量，A/D 转换器的误差，其误差大小由实际模拟量输入值与理论值之差来度量。

7.2 STM32 的模/数转换器

7.2.1 STM32 的模/数转换器简介

12 位 ADC 是逐次趋近型模/数转换器，它具有多达 19 个复用通道，可测量来自 16 个外部源、2 个内部源和 VBAT 通道的信号。这些通道的 A/D 转换可在单次、连续、扫描或不连续采样模式下进行。ADC 的结果存储在一个左对齐或右对齐的 16 位数据寄存器中。

ADC 具有模拟看门狗特性,允许应用检测输入电压是否超过了用户自定义的阈值上限或下限。

7.2.2 模/数转换器的主要特性

- 可配置 12 位、10 位、8 位或 6 位分辨率;
- 在转换结束、注入转换结束以及发生模拟看门狗或溢出事件时产生中断;
- 单次和连续转换模式;
- 用于自动将通道 0 转换为通道 n 的扫描模式;
- 数据对齐以保持内置数据一致性;
- 可独立设置各通道采样时间;
- 外部触发器选项,可为规则转换和注入转换配置极性;
- 不连续采样模式;
- 双重/三重模式(具有 2 个或更多 ADC 的器件提供);
- 双重/三重 ADC 模式下可配置的 DMA 数据存储;
- 双重/三重交替模式下可配置的转换间延迟;
- ADC 转换类型(参见数据手册);
- ADC 电源要求:全速运行时为 2.4～3.6 V,慢速运行时为 1.8 V;
- ADC 输入范围:$V_{REF-} \leqslant V_{IN} \leqslant V_{REF+}$;
- 规则通道转换期间可产生 DMA 请求。

7.2.3 模/数转换器的概念补充

注入组与规则组的区别:注入组相当于程序代码中的中断服务函数,而规则组相当于程序代码中的 main 函数。

模式选择:

- 单次不扫描:只会转换一个通道,并且只会转换一次。
- 单次扫描:要转换的所有通道只转换一次。
- 连续不扫描:只会转换一个通道,并且这个通过转换完以后会进行下次转换。
- 连续扫描:要转换的所有通道转换完一次后,继续转换下一轮。
- 不连续采样模式:只能在扫描模式下使用。

7.3 模/数转换器的框架分析

模/数转换器框架如图 7.3.1 所示。

配置流程:

① 确定转换的输入源有多少;

② 确定用注入组还是规则组转换;

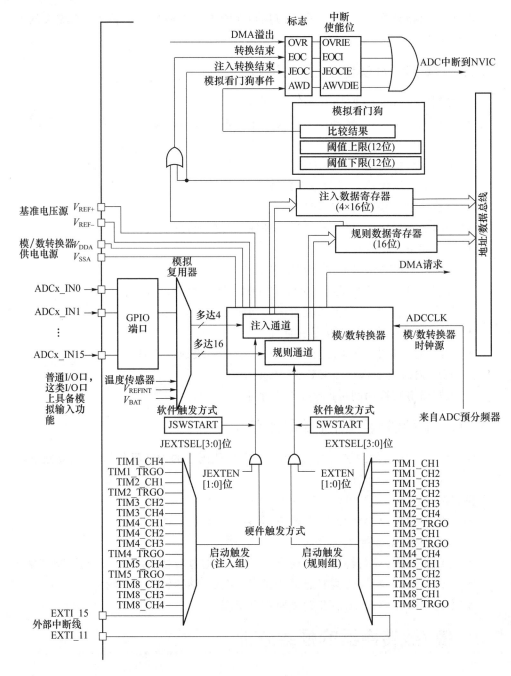

图 7.3.1 模/数转换器框架

③ 确定用软件触发还是硬件触发；

④ 配置模/数转换器的控制寄存器；

⑤ 配置模/数转换器的转换时间。

7.4 模/数转换器相关配置函数

模/数转换器的相关配置函数,如表 7.4.1 所列。

表 7.4.1 模/数转换器的相关配置函数

函数名	ADC_CommonInit
函数原形	void ADC_CommonInit(ADC_CommonInitTypeDef * ADC_CommonInitStruct)
功能描述	根据指定的参数初始化 ADC 外设
输入参数	ADC_CommonInitStruct:ADC 外设配置,具体参考 ADC_CommonInitTypeDef 数据类型
输出参数	None
返回值	None
先决条件	None
被调用函数	None
函数名	ADC_Init
函数原形	void ADC_Init(ADC_TypeDef * ADCx, ADC_InitTypeDef * ADC_InitStruct)
功能描述	根据指定的参数初始化 ADCx 外设
输入参数 1	ADCx:x 取值为 1、2、3
输入参数 2	ADC_InitStruct:ADC 外设配置,具体参考 ADC_InitTypeDef 数据类型
输出参数	None
返回值	None
先决条件	None
被调用函数	None
函数名	ADC_Cmd
函数原形	void ADC_Cmd(ADC_TypeDef * ADCx, FunctionalState NewState)
功能描述	启用或禁用指定的 ADC 外设
输入参数 1	ADCx:x 取值为 1、2、3
输入参数 2	NewState:ENABLE 或 DISABLE
输出参数	None
返回值	None
先决条件	None
被调用函数	None
函数名	ADC_RegularChannelConfig
函数原形	void ADC_RegularChannelConfig(ADC_TypeDef * ADCx, uint8_t ADC_Channel, uint8_t Rank, uint8_t ADC_SampleTime)

续表 7.4.1

功能描述	提供配置为所选择的规则组的 ADC 通道配置相应的采样等级和采样时间
输入参数 1	ADCx：x 取值为 1、2、3
输入参数 2	ADC_Channel：ADC 通道配置，ADC_Channel_0～ADC_Channel_18
输入参数 3	Rank：规则组转换序列值，1～16
输入参数 4	ADC_SampleTime：采样时间设置，ADC_SampleTime_3Cycles～ADC_SampleTime_480Cycles
输出参数	None
返回值	None
先决条件	None
被调用函数	None
函数名	ADC_SoftwareStartConv
函数原形	void ADC_SoftwareStartConv(ADC_TypeDef * ADCx)
功能描述	启用选定 ADC 的规则通道的软件开始转换
输入参数	ADCx：x 取值为 1、2、3
输出参数	None
返回值	None
先决条件	None
被调用函数	None
函数名	ADC_GetFlagStatus
函数原形	FlagStatus ADC_GetFlagStatus(ADC_TypeDef * ADCx, uint8_t ADC_FLAG)
功能描述	获取指定的 ADC 标志
输入参数 1	ADCx：x 取值为 1、2、3
输入参数 2	ADC_FLAG：ADC 标志，ADC_FLAG_AWD、ADC_FLAG_EOC、ADC_FLAG_JEOC 等
输出参数	None
返回值	None
先决条件	None
被调用函数	None
函数名	ADC_GetConversionValue
函数原形	uint16_t ADC_GetConversionValue(ADC_TypeDef * ADCx)
功能描述	返回常规通道的最后 ADCx 转换结果数据
输入参数	ADCx：x 取值为 1、2、3
输出参数	转换完成的数据
返回值	None
先决条件	None
被调用函数	None

7.5 模/数转换器例程

7.5.1 模/数转换器硬件结构分析

1. 模/数转换器硬件结构原理图

模/数转换器硬件结构原理图如图 7.5.1 所示。

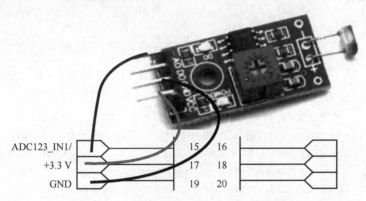

图 7.5.1 模/数转换器硬件结构原理图

2. 模/数转换器硬件结构原理图分析

利用 PA1 引脚的 ADC1_IN1 捕获光敏电阻的电压信号。

7.5.2 模/数转换器软件设计思路

1. 初始化 I/O 接口

① 开启时钟；

② 配置模式为模拟模式。

2. 初始化 ADC 外设

① 开启时钟；

② 配置 ADC_CommonInit；

③ 配置 ADC 初始化；

④ 设置转换采样时间；

⑤ 开启模/数转换器。

3. 获取转换数据

① 启动软件触发转换；

② 等待转换完成；

③ 读取转换结果。

7.5.3　模/数转换器例程核心代码

1. 初始化 I/O 接口

初始化 I/O 接口的代码如下：

```
01    static void init_adc_port(void)
02    {
03        /* 开启 GPIOA 时钟 */
04        RCC_AHB1PeriphClockCmd(RCC_AHB1Periph_GPIOA, ENABLE);
05
06        /* 初始化 GPIOA1 接口 */
07        GPIO_InitTypeDef gpio_init_struct;
08        /* 清空 gpio_init_struct 结构空间原有的内容 */
09        memset((char *)&gpio_init_struct, 0, sizeof(gpio_init_struct));
10        gpio_init_struct.GPIO_Pin = GPIO_Pin_1;              /* 选择具体引脚 */
11        gpio_init_struct.GPIO_Mode = GPIO_Mode_AN;           /* 选择模式 */
12        GPIO_Init(GPIOA, &gpio_init_struct);
13    }
```

2. 初始化 ADC 接口

初始化 ADC 接口的代码如下：

```
01    static void init_adc_input(void)
02    {
03        /* 使能 ADC1 时钟 */
04        RCC_APB2PeriphClockCmd(RCC_APB2Periph_ADC1, ENABLE);
05
06        /* ADC 通用控制配置 */
07        ADC_CommonInitTypeDef init_adc_common_structure;
08        init_adc_common_structure.ADC_Mode = ADC_Mode_Independent;//独立模式
09        /* 两个采样阶段之间延迟 5 个时钟 */
10        init_adc_common_structure.ADC_TwoSamplingDelay = ADC_TwoSamplingDelay_5Cycles;
11        init_adc_common_structure.ADC_DMAAccessMode = ADC_DMAAccessMode_Disabled;
                                                                    //DMA 失能
12        /* 预分频 4 分频。ADCCLK = PCLK2/4 = 84/4 = 21 MHz,ADC 时钟最好不要超过 36 MHz */
13        init_adc_common_structure.ADC_Prescaler = ADC_Prescaler_Div4;
14        ADC_CommonInit(&init_adc_common_structure);//初始化
15
```

```
16        /* ADC1 通道配置 */
17        ADC_InitTypeDef init_adc_structure;
18        init_adc_structure.ADC_Resolution = ADC_Resolution_12b;    //12 位模式
19        init_adc_structure.ADC_ScanConvMode = DISABLE;            //非扫描模式
20        init_adc_structure.ADC_ContinuousConvMode = DISABLE;      //关闭连续转换
21        /*禁止触发检测,使用软件触发 */
22        init_adc_structure.ADC_ExternalTrigConvEdge = ADC_ExternalTrigConvEdge_None;
23        init_adc_structure.ADC_DataAlign = ADC_DataAlign_Right;    //右对齐
24        /* 1 个转换在规则序列中,也就是说只转换规则序列 1 */
25        init_adc_structure.ADC_NbrOfConversion = 1;
26        ADC_Init(ADC1, &init_adc_structure);                      //ADC 初始化
27
28        /*设置指定 ADC 的规则组通道,一个序列,采样时间 */
29        /* ADC1,ADC 通道,480 个周期,提高采样时间可以提高精确度 */
30        ADC_RegularChannelConfig(ADC1, ADC_Channel_1, 1, ADC_SampleTime_480Cycles);
31
32        ADC_Cmd(ADC1, ENABLE);                                    //开启模/数转换器
33    }
```

3. 获取 ADC 转换结果

获取 ADC 转换结果的代码如下:

```
01    uint16_t get_adc_res(void)
02    {
03        ADC_SoftwareStartConv(ADC1);              //使能指定的 ADC1 的软件转换启动功能
04
05        //等待转换结束
06        while(!ADC_GetFlagStatus(ADC1, ADC_FLAG_EOC ))
07        {
08            ;
09        }
10
11        return ADC_GetConversionValue(ADC1); //返回最近一次 ADC1 规则组的转换结果
12    }
```

7.6 总 结

本章主要介绍了模/数转换器的使用,利用 ADC 转换方式,能够实现模/数转换设计方式,能够按照实验的流程进行操作,通过设计相应的模式,实现模/数的顺序

转换,完成对电压值数据的提取。

7.7　思考与练习

1. 如何使用注入组方式转换上述接口的模拟量?
2. 阐述注入方式与规则方式的区别。

第 **8** 章

DMA 控制器

8.1 DMA 控制器简介

8.1.1 何谓 DMA

DMA(直接存储器访问)用于直接访问存储器,如图 8.1.1 所示。

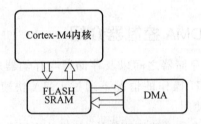

图 8.1.1　DMA 直接访问存储器

DMA 能够将数据进行快速搬移,将存储器的数据搬移到外设、外设数据搬移到存储器、存储器的数据搬移到存储器。

8.1.2 DMA 工作流程

① 无 DMA 时,存储访问方式如图 8.1.2 所示。

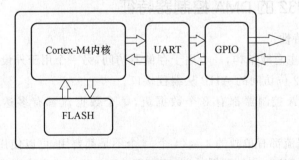

图 8.1.2　无 DMA 的工作流程

② 有 DMA 以后,存储访问控制如图 8.1.3 所示。

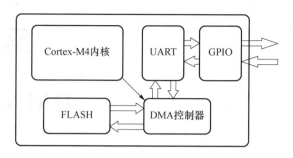

图 8.1.3　有 DMA 的工作流程

③ 内核需要给 DMA 发送的控制命令有:从谁搬到谁、一次搬移多少、总共需要搬移多少次、用哪个通道搬移。需要搬移的数据。

8.2　STM32 的 DMA 控制器简介

8.2.1　STM32 的 DMA 控制器介绍

DMA 用于在外设与存储器之间以及存储器与存储器之间提供高速数据传输。我们可以在无需任何 CPU 操作的情况下通过 DMA 快速移动数据。这样节省的CPU 资源可供其他操作使用。

DMA 控制器基于复杂的总线矩阵架构,其将功能强大的双 AHB 主总线架构与独立的 FIFO 结合在一起,优化了系统带宽。

两个 DMA 控制器总共有 16 个数据流(数据流,高速公路上的车道,每个控制器有 8 个数据流),每一个 DMA 控制器都用于管理一个或多个外设的存储器访问请求。每个数据流总共可以有 8 个通道(或称请求)。每个通道都有一个仲裁器,用于处理 DMA 请求间的优先级。

8.2.2　STM32 的 DMA 控制器特征

DMA 主要特性:

- 双 AHB 主总线架构,一个用于存储器访问,另一个用于外设访问。
- 仅支持 32 位访问的 AHB 从编程接口。
- 每个 DMA 控制器都有 8 个数据流,每个数据流都有多达 8 个通道(或称请求)。
- 每个数据流都有单独的 4 级(4 个,4 个不是都要用,可以使用一部分,按级数分)32 位 FIFO 存储器缓冲区,可用于 FIFO 模式或直接模式:
  - FIFO 模式　可通过软件将阈值级别选取为 FIFO 大小的 1/4、1/2 或 3/4;

– 直接模式　每个 DMA 请求都会立即启动对存储器的传输。

当在直接模式(禁止 FIFO)下将 DMA 请求配置为以存储器到外设模式传输数据时,DMA 仅会将一个数据从存储器预加载到内部 FIFO,从而确保一旦外设触发 DMA 请求就立即传输数据。

- 通过硬件可以将每个数据流配置如下:
  – 支持外设到存储器、存储器到外设和存储器到存储器传输的常规通道;
  – 支持在存储器方实现双缓冲通道。
- 8 个数据流中的每一个都连接到专用硬件 DMA 通道(请求)。
- DMA 数据流请求之间的优先级可用软件编程(4 个级别:非常高、高、中、低),在软件优先级相同的情况下可以通过硬件决定优先级(例如,请求 0 的优先级高于请求 1)。
- 每个数据流也支持通过软件触发存储器到存储器的传输(仅限 DMA2 控制器)。
- 可供每个数据流选择的通道请求多达 8 个,此选择可由软件配置,允许几个外设启动 DMA 请求。
- 要传输的数据项的数目可以由 DMA 流控制器或外设流控制器管理:
  – DMA 流控制器　要传输的数据项的数目是 1～65 535,可用软件编程(存储器到存储器/外设);
  – 外设流控制器　要传输的数据项的数目未知并由源或目标外设控制,这些外设通过硬件发出传输结束的信号。
- 独立的源和目标传输宽度(字节、半字、字):当源和目标的数据宽度不相等时,DMA 自动封装/解封必要的传输数据来优化带宽。这个特性仅在 FIFO 模式下可用。
- 对源和目标的增量或非增量寻址。
- 支持 4 个、8 个和 16 个节拍的增量突发传输。突发增量的大小可由软件配置,通常等于外设 FIFO 大小的一半。
- 每个数据流都支持循环缓冲区管理。
- 5 个事件标志(DMA 半传输、DMA 传输完成、DMA 传输错误、DMA FIFO 错误和直接模式错误)进行逻辑或运算,从而产生每个数据流的单个中断请求。

8.3　STM32 的 DMA 控制器框架

1. 官方 DMA 控制器框架

官方 DMA 控制器框架如图 8.3.1 所示。

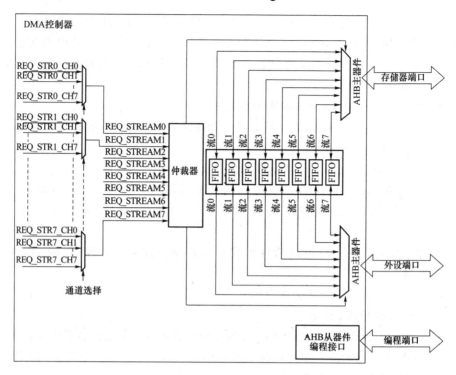

图 8.3.1　DMA 控制器框架

2. 根据官方框架理解转换后的框架

DMA 执行过程的框架，如图 8.3.2 所示。

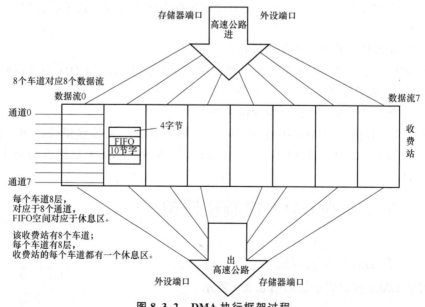

图 8.3.2　DMA 执行框架过程

8.4 DMA 控制器功能说明

1. 通道选择

DMA 映射请求如表 8.4.1 和表 8.4.2 所列。

表 8.4.1　DMA1 的请求映射关系

外设请求	数据流 0	数据流 1	数据流 2	数据流 3	数据流 4	数据流 5	数据流 6	数据流 7
通道 0	SPI3_RX	—	SPI3_RX	SPI2_RX	SPI2_TX	SPI3_TX	—	SPI3_TX
通道 1	I2C1_RX	—	TIM7_UP	—	TIM7_UP	I2C1_RX	I2C1_TX	I2C1_TX
通道 2	TIM4_CH1	—	I2S3_EXT_RX	TIM4_CH2	I2S2_EXT_TX	I2S3_EXT_TX	TIM4_UP	TIM4_CH3
通道 3	I2S3_EXT_RX	TIM2_UP TIM2_CH3	I2C3_RX	I2S2_EXT_RX	I2C3_TX	TIM2_CH1	TIM2_CH2 TIM2_CH4	TIM2_UP TIM2_CH4
通道 4	UART5_RX	USART3_RX	UART4_RX	USART3_TX	UART4_TX	USART2_RX	USART2_TX	UART5_TX
通道 5	UART8_TX[1]	UART7_TX[1]	TIM3_CH4 TIM3_UP	UART7_RX[1]	TIM3_CH1 TIM3_TRIG	TIM3_CH2	UART8_RX[1]	TIM3_CH3
通道 6	TIM5_CH3 TIM5_UP	TIM5_CH4 TIM5_TRIG	TIM5_CH1	TIM5_CH4 TIM5_TRIG	TIM5_CH2	—	TIM5_UP	—
通道 7	—	TIM6_UP	I2C2_RX	I2C2_RX	USART3_TX	DAC1	DAC2	I2C2_TX

(1) 该请求在 STM32F42×××和 STM32F43×××上可用。

表 8.4.2　DMA2 的请求映射关系

外设请求	数据流 0	数据流 1	数据流 2	数据流 3	数据流 4	数据流 5	数据流 6	数据流 7
通道 0	ADC1	—	TIM8_CH1 TIM8_CH2 TIM8_CH3	—	ADC1	—	TIM1_CH1 TIM1_CH2 TIM1_CH3	—
通道 1	—	DCMI	ADC2	ADC2	—	SPI6_TX[1]	SPI6_RX[1]	DCMI
通道 2	ADC3	ADC3	—	SPI5_RX[1]	SPI5_TX[1]	CRYP_OUT	CRYP_IN	HASH_IN
通道 3	SPI1_RX	—	SPI1_RX	SPI1_TX	—	SPI1_TX	—	—
通道 4	SPI4_RX[1]	SPI4_TX[1]	USART6_RX	SDIO	—	USART1_RX	SDIO	USART1_TX
通道 5	—	USART5_RX	USART5_RX	SPI4_RX[1]	SPI4_TX[1]	—	USART5_TX	USART6_TX
通道 6	TIM1_TRIG	TIM1_CH1	TIM1_CH2	TIM1_CH1	TIM1_CH4 TIM1_TRIG TIM1_COM	TIM1_UP	TIM1_CH3	—
通道 7	—	TIM8_UP	TIM8_CH1	TIM8_CH2	TIM8_CH3	SPI5_RX[1]	SPI5_TX[1]	TIM8_CH4 TIM8_TRIG TIM8_COM

(1) 该请求在 STM32F42×××和 STM32F43×××上可用。

存储器到存储器仅适用 DMA2,任何一个数据流的任何一个通道都可以作为存储器到存储器传输数据的通道。

存储器到外设、外设到存储器都必须查看表 8.4.1 和表 8.4.2,否则不会成功。

2. 仲裁器

仲裁器为 2 个 AHB 主端口(存储器和外设端口)提供基于请求优先级的 8 个 DMA 数据流请求管理,并启动外设/存储器访问序列。

优先级管理分为两个阶段:

- 软件　每个数据流优先级都可以在 DMA_SxCR 寄存器中配置。分为 4 个级别:

  − 非常高优先级;

  − 高优先级;

  − 中优先级;

  − 低优先级。

- 硬件　如果两个请求具有相同的软件优先级,则编号低的数据流优先于编号高的数据流。

例如,数据流 2 的优先级高于数据流 4。

软件设置的优先级不能同中断功能相比,这里的优先级只相当于中断中的响应优先级,不存在抢占优先级这个说法。

3. FIFO 模式与直接模式

- FIFO 模式:可以使用 1 级(4 字节)、2 级(8 字节)、3 级(12 字节)、4 级(16 字节)。源与目标宽带可以不一致。

- 直接模式:取多少就发送多少。源与目标宽带一致。

4. 突发增量

设置合适的 FIFO 数据格式可以配置 FIFO 的阈值,如表 8.4.3 所列。

表 8.4.3　配置 FIFO 的阈值

MSIZE	FIFO 级别	MBURSET=INCR4	MBURST=INCR8	MBURST=INCR16
字节	1/4	4 个节拍的 1 次突发	禁止	禁止
	1/2	4 个节拍的 2 次突发	8 个节拍的 1 次突发	
	3/4	4 个节拍的 3 次突发	禁止	
	满	4 个节拍的 4 次突发	8 个节拍的 2 次突发	16 个节拍的 1 次突发

MSIZE	FIFO 级别	MBURSET＝INCR4	MBURST＝INCR8	MBURST＝INCR16
半字	1/4	禁止	禁止	禁止
	1/2	4 个节拍的 1 次突发		
	3/4	禁止		
	满	4 个节拍的 2 次突发	8 个节拍的 1 次突发	
字	1/4	禁止	禁止	
	1/2			
	3/4			
	满	4 个节拍的 1 次突发		

5. 源与目标、传输方向

DMA 中源与目标的传输方向如表 8.4.4 所列。

表 8.4.4 源与目标的传输方向

DMA_SxCR 寄存器的位 DIR[1:0]	方　向	源地址	目标地址
00	外设到存储器	DMA_SxPAR	DMA_SxMOAR
01	存储器到外设	DMA_SxMOAR	DMA_SxPAR
10	存储器到存储器	DMA_SxPAR	DMA_SxMOAR
11	保留	—	—

6. 循环模式

循环模式仅用于 ADC 扫描模式。

7. 地址递增

根据 DMA_SxCR 寄存器中 PINC 和 MINC 位的状态，外设和存储器指针在每次传输后可以自动向后递增或保持常量。

通过单个寄存器访问外设源或目标数据时，禁止递增模式十分有用。

如果使能了递增模式，则根据在 DMA_SxCR 寄存器 PSIZE 或 MSIZE 位中编程的数据宽度，下一次传输的地址将是前一次传输的地址递增 1（对于字节）、2（对于半字）或 4（对于字）。

为了优化封装操作，可以不管 AHB 外设端口上传输的数据的大小，将外设地址的增量偏移大小固定下来（必须使用 FIFO 模式）。DMA_SxCR 寄存器中的 PINCOS 位用于将增量偏移大小与外设 AHB 端口或 32 位地址（此时地址递增 4）上的数据大小对齐。PINCOS 位仅对 AHB 外设端口有影响。

如果将 PINCOS 位置 1，则不论 PSIZE 值是多少，下一次传输的地址总是前一次传输的地址递增 4（自动与 32 位地址对齐）。但是，AHB 存储器端口不受此操作影响。

8.5 DMA 控制器配置相关函数

DMA 控制器的相关函数配置如表 8.5.1 所列。

表 8.5.1　DMA 控制的相关配置函数

函数名	DMA_DeInit
函数原形	void DMA_DeInit(DMA_Stream_TypeDef * DMAy_Streamx)
功能描述	复位 DMA 数据流
输入参数	DMAy_Streamx：DMA 数据流，如 DMAy_Stream0～DMAy_Stream7
输出参数	None
返回值	None
先决条件	None
被调用函数	None
函数名	DMA_GetCmdStatus
函数原形	FunctionalState DMA_GetCmdStatus(DMA_Stream_TypeDef * DMAy_Streamx)
功能描述	获取 DMA 数据流状态
输入参数	DMAy_Streamx：DMA 数据流，如 DMAy_Stream0～DMAy_Stream7
输出参数	ENABLE or DISABLE
返回值	None
先决条件	None
被调用函数	None
函数名	DMA_Init
函数原形	void DMA_Init（DMA_Stream_TypeDef * DMAy_Streamx，DMA_InitTypeDef * DMA_InitStruct）
功能描述	初始化 DMA 数据流
输入参数 1	DMAy_Streamx：DMA 数据流，如 DMAy_Stream0～DMAy_Stream7
输入参数 2	DMA_InitStruct：DMA 数据流具体参数，具体参数参考 DMA_InitTypeDef 数据类型
输出参数	None
返回值	None
先决条件	None
被调用函数	None
函数名	DMA_Init

函数原形	void DMA_Init（DMA_Stream_TypeDef * DMAy_Streamx, DMA_InitTypeDef * DMA_InitStruct)
功能描述	初始化 DMA 数据流
输入参数 1	DMAy_Streamx：DMA 数据流，如 DMAy_Stream0～DMAy_Stream7
输入参数 2	DMA_InitStruct：DMA 数据流具体参数，具体参数参考 DMA_InitTypeDef 数据类型
输出参数	None
返回值	None
先决条件	None
被调用函数	None
函数名	USART_DMACmd
函数原形	void USART_DMACmd(USART_TypeDef * USARTx, uint16_t USART_DMAReq, FunctionalState NewState)
功能描述	UART 外设 DMA 功能使能
输入参数 1	USARTx：具体 UART 接口，USART1～USART6
输入参数 2	USART_DMAReq：USART 的具体 DMA 功能开启，如 USART_DMAReq_Tx、USART_DMAReq_Rx
输入参数 3	NewState：ENABLE 或 DISABLE
输出参数	None
返回值	None
先决条件	None
被调用函数	None
函数名	DMA_SetCurrDataCounter
函数原形	void DMA_SetCurrDataCounter(DMA_Stream_TypeDef * DMAy_Streamx, uint16_t Counter)
功能描述	数据传输量
输入参数 1	DMAy_Streamx：DMA 数据流，如 DMAy_Stream0～DMAy_Stream7
输入参数 2	Counter：传输的数据量
输出参数	None
返回值	None
先决条件	None
被调用函数	None
函数名	DMA_Cmd
函数原形	void DMA_Cmd（DMA_Stream_TypeDef * DMAy_Streamx, FunctionalState NewState)

功能描述	DMA 传输使能
输入参数 1	DMAy_Streamx：DMA 数据流，如 DMAy_Stream0～DMAy_Stream7
输入参数 2	NewState：ENABLE or DISABLE
输出参数	None
返回值	None
先决条件	None
被调用函数	None
函数名	DMA_GetFlagStatus
函数原形	FlagStatus DMA_GetFlagStatus(DMA_Stream_TypeDef * DMAy_Streamx, uint32_t DMA_FLAG)
功能描述	获取 DMA 数据流传输标志
输入参数 1	DMAy_Streamx：DMA 数据流，如 DMAy_Stream0～DMAy_Stream7
输入参数 2	DMA_FLAG：DMA 传输标志，如 DMA_FLAG_TCIFx、DMA_FLAG_HTIFx
输出参数	SET or RESET
返回值	None
先决条件	None
被调用函数	None
函数名	DMA_ClearFlag
函数原形	void DMA_ClearFlag(DMA_Stream_TypeDef * DMAy_Streamx, uint32_t DMA_FLAG)
功能描述	清除 DMA 数据流传输标志
输入参数 1	DMAy_Streamx：DMA 数据流，如 DMAy_Stream0～DMAy_Stream7
输入参数 2	DMA_FLAG：DMA 传输标志，如 DMA_FLAG_TCIFx、DMA_FLAG_HTIFx
输出参数	None
返回值	None
先决条件	None
被调用函数	None

8.6 DMA 控制器例程

8.6.1 DMA 控制器硬件结构分析

1. 硬件结构原理图

硬件结构原理图如图 4.5.11 所示。

2. 硬件结构原理图说明

当前处理器的 USART1 外设利用 PA9、PA10 连接在 CH340 电源转换芯片上，CH340 的数据口连接在 mini_usb 上。当前可以完成以下实验：在 PC 的串口助手上发送数据给芯片的 USART1 外设，芯片利用 USART1 外设将数据发送到 PC 的串口助手上。

8.6.2　DMA 控制器软件设计思路

1. 初始化 GPIO 口

① 开启对应 GPIO 接口时钟；

② 选择 GPIO 模式为复用功能；

③ 配置 TXD 引脚输出类型；

④ 配置 TXD 引脚输出速度；

⑤ 配置 TXD 引脚上下拉类型；

⑥ 配置 RXD 引脚上下拉类型。

2. 初始化 USART1

① 开启对应的 UART 接口时钟；

② 配置 UART 的波特率；

③ 配置 UART 的流控类型；

④ 配置 UART 的模式；

⑤ 配置 UART 的校验方式；

⑥ 配置 UART 的停止位长度；

⑦ 配置 UART 的数据位长度；

⑧ UART 外设资源使能。

3. 初始化 DMA

① 开启时钟。

② 关闭数据流。

③ 等待数据流关闭成功。

④ 通道选择。

⑤ 通道优先级。

⑥ 选择传输方向。

⑦ 选择直接模式。

⑧ 配置存储器数据宽度。

⑨ 配置外设数据宽度。

⑩ 配置存储器递增：

- 配置外设禁止递增；
- 数据流控制器；
- 配置外设地址；
- 配置存储器地址；
- 外设的 DMA 使能。

4. 编写一个 DMA 发送数据函数

① 关闭数据流；

② 等待数据流关闭成功；

③ 配置数据项数量；

④ 使能一次数据流；

⑤ 等待传输完成标志；

⑥ 清除传输完成标志。

8.6.3　DMA 控制器例程核心代码

1. 初始化 UART 外设的 DMA 发送功能

初始化 UART 外设的 DMA 发送功能具体代码如下：

```
01    void init_uart_dma(void)
02    {
03        RCC_AHB1PeriphClockCmd(RCC_AHB1Periph_DMA2, ENABLE);//DMA2 时钟使能
04
05        DMA_DeInit(DMA2_Stream7);                        //复位 DMA2 数据流 7
06        //等待 DMA 可配置
07        while(DMA_GetCmdStatus(DMA2_Stream7)! = DISABLE)
08        {
09            ;
10        }
11
12        DMA_InitTypeDef   init_dma_structure;
13        init_dma_structure.DMA_Channel = DMA_Channel_4;//通道选择
14        init_dma_structure.DMA_PeripheralBaseAddr = (uint32_t)&USART1 - >DR;
                                                        //DMA 外设地址
15        init_dma_structure.DMA_Memory0BaseAddr = (uint32_t)sendbuff;
                                                        //DMA 存储器 0 地址
16        init_dma_structure.DMA_DIR = DMA_DIR_MemoryToPeripheral;
                                                        //存储器到外设模式
17        init_dma_structure.DMA_PeripheralInc = DMA_PeripheralInc_Disable;
                                                        //外设非增量模式
```

```
18        init_dma_structure.DMA_MemoryInc = DMA_MemoryInc_Enable;
                                                        //存储器增量模式
19        init_dma_structure.DMA_PeripheralDataSize = DMA_PeripheralDataSize_Byte;
                                                        //外设数据长度:8 位
20        init_dma_structure.DMA_MemoryDataSize = DMA_MemoryDataSize_Byte;
                                                        //存储器数据长度:8 位
21        init_dma_structure.DMA_Mode = DMA_Mode_Normal;        //使用普通模式
22        init_dma_structure.DMA_Priority = DMA_Priority_Medium;    //中等优先级
23        init_dma_structure.DMA_FIFOMode = DMA_FIFOMode_Disable;
24        init_dma_structure.DMA_FIFOThreshold = DMA_FIFOThreshold_Full;
25        init_dma_structure.DMA_MemoryBurst = DMA_MemoryBurst_Single;
                                                        //存储器单次传输
26        init_dma_structure.DMA_PeripheralBurst = DMA_PeripheralBurst_Single;
                                                        //外设单次传输
27        DMA_Init(DMA2_Stream7, &init_dma_structure);      //初始化 DMA Stream
28
29        USART_DMACmd(USART1, USART_DMAReq_Tx, ENABLE);        //使能串口 1 的 DMA 发送
30    }
```

2. UART 外设发送一串数据

UART 外设发送一串数据,具体代码如下:

```
01    void uart_dma_send_data(uint16_t nbyte)
02    {
03
04        DMA_Cmd(DMA2_Stream7, DISABLE);                    //关闭 DMA 传输
05
06        //确保 DMA 可以被设置
07        while(DMA_GetCmdStatus(DMA2_Stream7) != DISABLE)
08        {
09            ;
10        }
11
12        DMA_SetCurrDataCounter(DMA2_Stream7, nbyte);       //数据传输量
13
14        DMA_Cmd(DMA2_Stream7, ENABLE);                     //开启 DMA 传输
15
16        //等待 DMA2_Steam7 传输完成
17        while(DMA_GetFlagStatus(DMA2_Stream7,DMA_FLAG_TCIF7) == RESET)
18        {
```

```
19                     ;
20             }
21
22             DMA_ClearFlag(DMA2_Stream7,DMA_FLAG_TCIF7);   //清除DMA2_Steam7传输完成标志
23     }
```

8.7 总 结

DMA 直接存取访问控制,重点掌握数据的传输方式,以及如何配置 DMA 控制器的方法;能够利用 DMA 中的控制函数,实现控制器中核心代码的设计与分析,达到能够快速传输的目的。利用地址的增量和循环模式的设置方式提高代码的稳定性。

8.8 思考与练习

1. 对于存储器搬移至存储器,如何配置 DMA 控制器?
2. 对于外设搬移至存储器,如何配置 DMA 控制器?

第 **9** 章

I²C 总线

9.1　I²C 总线概述

9.1.1　I²C 总线介绍

I²C（Inter-Integrated Circuit）总线产生于在 20 世纪 80 年代，由 PHILIPS 公司开发的两线式串行总线，用于连接微控制器及其外围设备，最初为音频和视频设备开发。I²C 总线两线制包括：串行数据 SDA（Serial Data）、串行时钟 SCL（Serial Clock）。总线必须由主机（通常为微控制器）控制，主机产生串行时钟控制总线的传输方向，并产生起始和停止条件。I²C 总线上有主机和从机之分，可以有多个主机和多个从机。从机永远不会主动给主机发送数据。器件发送数据到总线上，则定义为发送器，器件接收数据则定义为接收器。主器件和从器件都可以工作于接收和发送状态。

I²C 总线通信方式：同步串行半双工。

主机、从机：都可以作为发送器和接收器使用，在不同的时刻处于不同的身份。

9.1.2　I²C 总线物理拓扑结构

I²C 总线物理结构拓扑如图 9.1.1 所示。

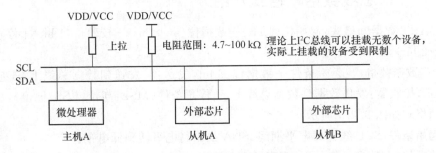

图 9.1.1　总线物理拓扑结构

9.1.3　I²C 总线主从设备通信

主设备如何找到从设备？

I²C 总线寻找从设备通过设备地址查找,这个设备地址是每个器件都有的,可以分为 10 位设备地址与 7 位设备地址。设备地址包含两个部分:第一部分是可编程地址,第二部分是固定地址。总线主从设备通信如图 9.1.2 所示。

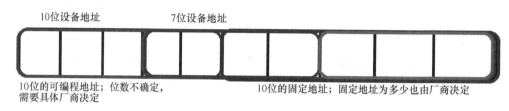

10位设备地址　　　　　　7位设备地址

10位的可编程地址；位数不确定,　　　　10位的固定地址；固定地址为多少也由厂商决定
需要具体厂商决定

图 9.1.2　总线主从设备通信

9.1.4　I²C 总线与 UART 比较

I²C 总线与 UART 的比较如表 9.1.1 所列。

表 9.1.1　I²C 与 UART 对比

名称	I²C 总线	UART
通信方式	同步串行半双工	异步串行全双工
通信速度	标准:100 Kb/s;快速:400 Kb/s;高速:3.4 Mb/s	依靠波特率;波特率种类很多
主从设备	有主从之分(主机控制时钟线)	没有主从之分

9.2　I²C 总线数据帧格式

9.2.1　I²C 总线数据帧格式介绍

UART 数据帧格式:起始位(1 bit)+数据位(5～8 bit)+校验位(1 bit)+停止位(0.5～2 bit)。

I²C 数据帧格式:起始条件+数据位(8 bit,发送器:发送到数据总线上)+应答位(1 bit,接收器:发送数据到数据总线上)+停止条件(MSB:高位;LSB:低位),总线数据帧格式如图 9.2.1 所示。

起始条件:SCL 线在高电平期间,SDA 线由高电平转到低电平。

数据位:上升沿采集数据,下降沿准备数据。

应答位:低电平表示应答,高电平表示非应答。

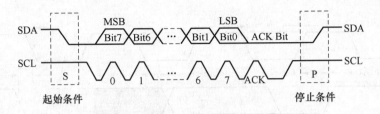

图 9.2.1　总线的数据帧格式

停止条件:SCL 线在高电平期间,SDA 线由低电平转到高电平。

传输过程与 UART 不同,UART 是一帧数据包含起始位和停止位;I²C 是一次传输包含起始条件与停止条件数据可以是很多个。

9.2.2　I²C 总线数据帧时序

UART 数据帧时序:通过波特率计算时间。I²C 总线通信速度:数据位与应答位传输时间问题。

I²C 通信时间表如表 9.2.1,I²C 时序图如图 9.2.2 所示。

表 9.2.1　I²C 通信时间表

参　数	符　号	测试条件	最小值	典型值	最大值	单　位
起始条件保持时间	$t_{HD.STA}$	$V_{CC}=1.8\ V$	0.6	—	—	μs
		$V_{CC}=5\ V$	0.25	—	—	
起始条件建立时间	$t_{SU.STA}$	$V_{CC}=1.8\ V$	0.6	—	—	μs
		$V_{CC}=5\ V$	0.25	—	—	
数据输入保持时间	$t_{HD.DAT}$	—	0	—	—	μs
数据输入建立时间	$t_{SU.DAT}$	—	100	—	—	ns
输入上升时间	t_R	—	—	—	300	ns
输入下降时间	t_F	$V_{CC}=1.8\ V$	—	—	300	ns
		$V_{CC}=5\ V$	—	—	300	
停止条件建立时间	$t_{SU.STO}$	$V_{CC}=1.8\ V$	0.6	—	—	μs
		$V_{CC}=5\ V$	0.25	—	—	
数据输出保持时间	t_{DH}		50	—	—	ns

9.2.3　I²C 总线寻址方式

I²C 总线的寻址方式如图 9.2.3 所示。

图 9.2.3:7 位的设备地址寻址方式。

方向位:读数据、写数据。

I²C 总线通信最先发送的数据:设备地址+方向位。

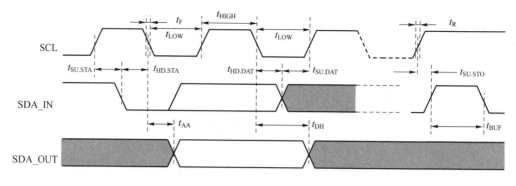

图 9.2.2 I²C 时序图

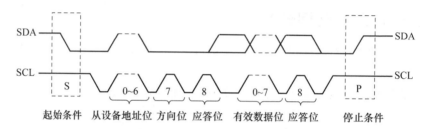

图 9.2.3 I²C 总线的寻址方式

9.2.4 I²C 总线三种通信过程

1. 仅读数据

I²C 总线通信过程如图 9.2.4 所示。

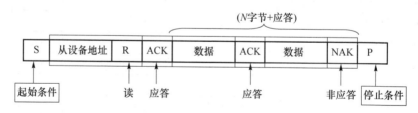

图 9.2.4 I²C 总线的通信过程

2. 仅写数据

I²C 总线写数据通信过程如图 9.2.5 所示。

3. 读/写切换

I²C 总线读/写切换过程如图 9.2.6 所示。

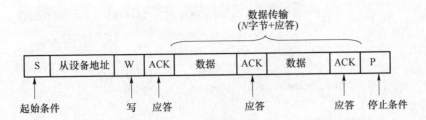

图 9.2.5 I²C 总线写数据通信过程

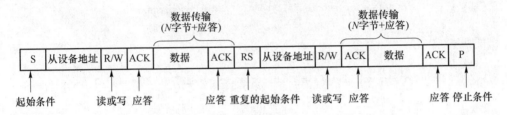

图 9.2.6 I²C 总线读/写切换过程

9.3 模拟 I²C 总线程序设计

模拟 I²C 总线程序设计,具体代码如下:

```
01    void iic_startcondition(iic_handle_t * iic_handle)
02    {
03        IIC_SDA_HIGHT(iic_handle->SDA_GPIOX, iic_handle->SDA_GPIO_BITX);
                                                                    //SDA = 1
04        IIC_SCL_HIGH(iic_handle->SCL_GPIOX, iic_handle->SCL_GPIO_BITX);
                                                                    //SCL = 1
05        iic_delaymicroseconds(iic_handle->microseconds);
                                                                    //延时
06        IIC_SDA_LOW(iic_handle->SDA_GPIOX, iic_handle->SDA_GPIO_BITX);
                    //SDA = 0 START 当时钟线处于高电平期间数据线产生下降沿
07        iic_delaymicroseconds(iic_handle->microseconds);
                                                                    //延时
08        IIC_SCL_LOW(iic_handle->SCL_GPIOX, iic_handle->SCL_GPIO_BITX);
                        //SCL = 0,钳住 I²C 总线,准备发送或接收数据
09    }
10
11    void iic_stopcondition(iic_handle_t * iic_handle)
12    {
```

```
13        IIC_SDA_LOW(iic_handle->SDA_GPIOX, iic_handle->SDA_GPIO_BITX);
                                            //SDA = 0
14        IIC_SCL_HIGH(iic_handle->SCL_GPIOX, iic_handle->SCL_GPIO_BITX);
                                            //SCL = 1
15        iic_delaymicroseconds(iic_handle->microseconds);
                                            //延时
16        IIC_SDA_HIGHT(iic_handle->SDA_GPIOX, iic_handle->SDA_GPIO_BITX);
                      //SDA = 1 STOP 当时钟线处于高电平期间,数据线产生上升沿
17        iic_delaymicroseconds(iic_handle->microseconds);
                                            //延时
18    }
19
20    uint8_t iic_writebyte(iic_handle_t * iic_handle, uint8_t wbyte)
21    {
22        uint8_t error = IIC_NO_ERROR;
23        uint8_t mask;
24
25        /* 写入字节数据 */
26        for(mask = 0X80; mask > 0; mask >>= 1)// shift bit for masking (8 times)
27        {
28            IIC_SCL_LOW(iic_handle->SCL_GPIOX, iic_handle->SCL_GPIO_BITX);
29            if((mask & wbyte) == 0)
30            {
31                IIC_SDA_LOW(iic_handle->SDA_GPIOX, iic_handle->SDA_GPIO_BITX);
                                            //发送一个位到数据线上
32            }
33            else
34            {
35                IIC_SDA_HIGHT(iic_handle->SDA_GPIOX, iic_handle->SDA_GPIO_BITX);
36            }
37            iic_delaymicroseconds(iic_handle->microseconds);
                                            //发送一位数据所需要的时间
38            IIC_SCL_HIGH(iic_handle->SCL_GPIOX, iic_handle->SCL_GPIO_BITX);
                                            //拉高时钟电平
39            iic_delaymicroseconds(iic_handle->microseconds);
                                            //时钟线高电平维持时间
40        }
41
42        IIC_SDA_HIGHT(iic_handle->SDA_GPIOX, iic_handle->SDA_GPIO_BITX);
                                            //屏蔽数据线的输出功能
43
```

```
44        /* 读取应答信号 */
45        IIC_SCL_LOW(iic_handle->SCL_GPIOX, iic_handle->SCL_GPIO_BITX);
46        iic_delaymicroseconds(iic_handle->microseconds);
                                               //发送一位数据所需要的时间
47        IIC_SCL_HIGH(iic_handle->SCL_GPIOX, iic_handle->SCL_GPIO_BITX);
                                               //读取应答信号
48        if(IIC_SDA_IN(iic_handle->SDA_GPIOX, iic_handle->SDA_GPIO_BITX))
49        {
50            error = IIC_ACK_ERROR;           //检查读取回来的应答信号
51        }
52        iic_delaymicroseconds(iic_handle->microseconds); //延时
53
54        IIC_SCL_LOW(iic_handle->SCL_GPIOX, iic_handle->SCL_GPIO_BITX);
                                               //SCL = 0,钳住 I²C 总线
55
56        return error; // return error code
57    }
58
59    uint8_t iic_readbyte(iic_handle_t * iic_handle, uint8_t * rbyte, uint8_t ack)
60    {
61        uint8_t error = IIC_NO_ERROR;
62        uint8_t mask;
63
64        * rbyte = 0X00;
65        IIC_SDA_HIGHT(iic_handle->SDA_GPIOX, iic_handle->SDA_GPIO_BITX);
                                               //屏蔽数据线的输出功能
66
67        /* 读取字节数据 */
68        for(mask = 0x80; mask > 0; mask >>= 1) //共循环 8 次
69        {
70            IIC_SCL_LOW(iic_handle->SCL_GPIOX, iic_handle->SCL_GPIO_BITX);
71            iic_delaymicroseconds(iic_handle->microseconds);
                                               //发送一位数据所需要的时间
72            IIC_SCL_HIGH(iic_handle->SCL_GPIOX, iic_handle->SCL_GPIO_BITX);
                                               //拉高时钟线电平
73            * rbyte <<= 1;
74            * rbyte |= IIC_SDA_IN(iic_handle->SDA_GPIOX, iic_handle->SDA_GPIO_BITX);
75            iic_delaymicroseconds(iic_handle->microseconds);
                                               //时钟高电平维持时间
76        }
```

```
77
78        IIC_SCL_LOW(iic_handle->SCL_GPIOX, iic_handle->SCL_GPIO_BITX);
                                                        //读取应答信号
79        /* 写应答信号 */
80        if(ack == 0)
81        {
82            IIC_SDA_LOW(iic_handle->SDA_GPIOX, iic_handle->SDA_GPIO_BITX);
                                                        //发送一个位到数据线上
83        }
84        else
85        {
86            IIC_SDA_HIGHT(iic_handle->SDA_GPIOX, iic_handle->SDA_GPIO_BITX);
87        }
88        iic_delaymicroseconds(iic_handle->microseconds);
                                                        //发送一位数据所需要的时间
89        IIC_SCL_HIGH(iic_handle->SCL_GPIOX, iic_handle->SCL_GPIO_BITX);
                                                        //读取应答信号
90        iic_delaymicroseconds(iic_handle->microseconds); //延时
91
92        IIC_SCL_LOW(iic_handle->SCL_GPIOX, iic_handle->SCL_GPIO_BITX);
                                                        //SCL = 0,钳住 I2C 总线
93
94        return error; // return error code
95    }
```

9.4 AT24C02 芯片简介

9.4.1 AT24C02 介绍

24C02/04/08/16/32/64 是电可擦除 PROM,分别采用 256/512/1 024/2 048/4 096/8 192×8 bit 的组织结构以及 2 线串行接口,电压可允许低至 1.8 V,待机电流和工作电流分别为 1 μA 和 1 mA。24C02/04/08/16/32/64 具有页写功能,每页分别为 8/16/16/16/32/32 B。

9.4.2 AT24C02 特征

- 宽范围的工作电压 1.8～5.5 V;
- 低电压技术;
- 2 线串行接口,完全兼容 I²C 总线;

- I²C 时钟频率为 1 MHz(5 V)，400 kHz(1.8 V，2.5 V，2.7 V)；

- 硬件数据写保护；

- 内部写周期(最大 5 ms)；

- 可按字节写，页写；

- 可按字节，随机和序列读；

- 自动递增地址；

- 高可靠性，擦写寿命：100 万次；数据保存时间：100 年。

9.4.3　AT24C02 硬件介绍

AT24C02 硬件介绍如图 9.4.1 所示。

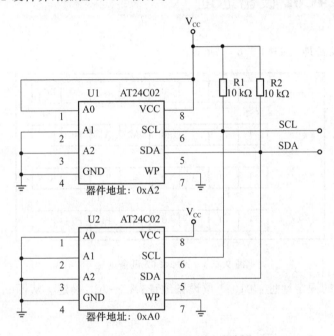

图 9.4.1　AT24C02 硬件介绍

可编程地址有 3 bit，固定地址有 4 bit。

9.5　AT24C02 操作时序

AT24C02 操作的时序如图 9.5.1 所示。

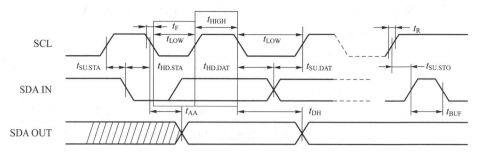

图 9.5.1　AT24C02 操作的时序图

9.6　AT24C02 设备地址

AT24C02 的设备地址如图 9.6.1 所示。

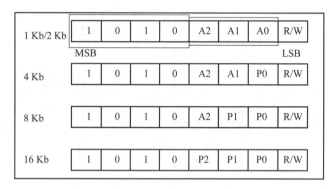

图 9.6.1　AT24C02 设备地址

设备地址的固定地址:1010;7 位设备地址;A2~A0:确定。从图 9.6.1 中确定:
A2~A0:000。

9.7　AT24C02 操作方式

① 字节写操作如图 9.7.1 所示。

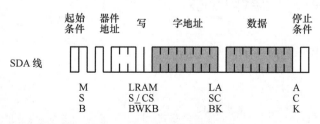

图 9.7.1　字节写操作方式

② 页写操作如图 9.7.2 所示。

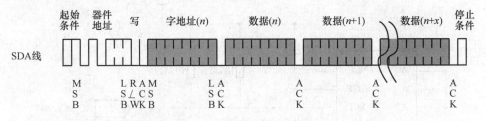

图 9.7.2　页写操作方式

若要跨页写,可自己编写函数实现。

③ 随机读一个字节操作,如图 9.7.3 所示。

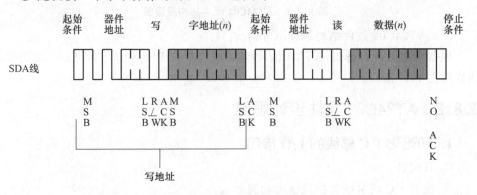

图 9.7.3　随机读一个字节操作

④ 连续读取字节操作如图 9.7.4 所示。

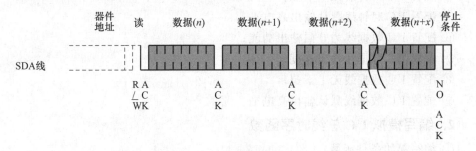

图 9.7.4　连续读取字节操作

9.8　AT24C02 例程

9.8.1　AT24C02 硬件结构分析

(1) AT24C02 硬件结构

AT24C02 硬件结构原理图如图 9.8.1 所示。

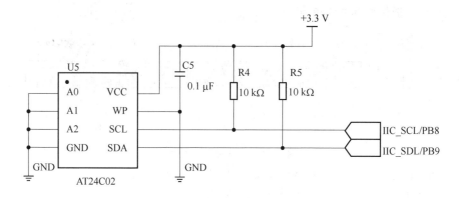

图 9.8.1 AT24C02 硬件结构原理图

（2）AT24C02 硬件结构原理图分析

根据原理图分析得到，AT24C02 的时钟线连接在 PB8 接口上，AT24C02 的数据线连接在 PB9 接口上。

9.8.2 AT24C02 软件设计思路

1. 初始化 I²C 总线的 I/O 接口

① 开时钟；

② 配置 I²C 时钟线为推挽输出功能；

③ 配置 I²C 时钟线输出速度；

④ 配置 I²C 时钟线无上下拉；

⑤ 配置 I²C 时钟线默认输出高电平；

⑥ 配置 I²C 数据线为开漏输出功能；

⑦ 配置 I²C 数据线输出速度；

⑧ 配置 I²C 数据线无上下拉；

⑨ 配置 I²C 数据线默认输出高电平。

2. 编写模拟 I²C 总线时序函数

① 编写起始条件函数；

② 编写停止条件函数；

③ 编写发送字节数据读取应答函数；

④ 编写接收字节数据发送应答函数。

3. 编写操作 AT24C02 的控制函数

① 编写页写函数；

② 编写跨页写函数；

③ 编写读数据函数。

9.8.3 AT24C02 例程核心代码

AT24C02 例程核心代码如下：

```
01    /* AT24CXX 软延时任意微秒 */
02    static void at24cxx_delay_microseconds(uint32_t microseconds)
03    {
04        microseconds *= AT24CXX_SOFT_DELAY_ONEMICROSEONDS;
05        for(uint32_t i = 0; i < microseconds; i++)
06        {
07
08        }
09    }
10
11    /* AT24CXX 写访问 */
12    static uint8_t at24cxx_start_write_access(void)
13    {
14        uint8_t error = AT24CXX_NO_ERROR;          //错误信息
15        /* 发送起始条件 */
16        iic_start_condition(&at24cxx_iic_handle);
17        /* 发送器地址 + 写方向 */
18        error = iic_write_byte(&at24cxx_iic_handle, AT24CXX_ADDRESS << 1);
19        return error;
20    }
21
22    /* AT24CXX 读访问 */
23    static uint8_t at24cxx_start_read_access(void)
24    {
25        uint8_t error = AT24CXX_NO_ERROR;          //错误信息
26        //发送起始条件
27        iic_start_condition(&at24cxx_iic_handle);
28        //发送器件地址 + 读方向
29        error = iic_write_byte(&at24cxx_iic_handle, AT24CXX_ADDRESS << 1 |
0x01);
30        return error;
31    }
32
33    /* AT24CXX 停止访问 */
34    static void at24cxx_stop_access(void)
35    {
36        /* 发送停止条件 */
```

```
37            iic_stop_condition(&at24cxx_iic_handle);
38     }
39
40     /* AT24CXX 写数据 */
41     void at24cxx_write_datas(uint8_t word_address,uint8_t * datas,uint8_t number)
42     {
43         volatile uint8_t surplus_bytes = 0;
44         volatile uint8_t write_bytes = 0;
45
46         surplus_bytes = AT24CXX_PAGE_SIZE - word_address % AT24CXX_PAGE_SIZE;
47         write_bytes = (number > surplus_bytes) ? surplus_bytes : number;
48
49         while(number)
50         {
51             at24cxx_page_write_datas(word_address,datas,write_bytes);
52             datas += write_bytes;
53             word_address += write_bytes;
54             number -= write_bytes;
55
56             write_bytes = (number > AT24CXX_PAGE_SIZE) ? AT24CXX_PAGE_SIZE : number;
57
58             at24cxx_delay_microseconds(2000);
59         }
60     }
61
62     /* AT24CXX 读数据 */
63     void at24cxx_read_datas(uint8_t word_address,uint8_t * datas,uint8_t number)
64     {
65
66         at24cxx_start_write_access();
67
68         iic_write_byte(&at24cxx_iic_handle, word_address);
69
70         at24cxx_start_read_access();
71
72         for(uint8_t i = 0; i < number - 1; i++)
73         {
74             iic_read_byte(&at24cxx_iic_handle, datas, IIC_ACK);
75             datas++;
76         }
77         iic_read_byte(&at24cxx_iic_handle, datas, IIC_NACK);
```

```
78
79
80          at24cxx_stop_access();
81      }
82
83      /* AT24CXX 初始化 */
84      void at24cxx_init(void)
85      {
86          iic_port_init(&at24cxx_iic_handle,
87                          (uint32_t *)&AT24CXX_SCL_GPIO_PCLK_TREE,
88                          AT24CXX_SCL_GPIO_PCLK_TREE_BIT,
89                          AT24CXX_SCL_GPIO_PORT,
90                          AT24CXX_SCL_GPIO_PIN,
91                          (uint32_t *)&AT24CXX_SDA_GPIO_PCLK_TREE,
92                          AT24CXX_SDA_GPIO_PCLK_TREE_BIT,
93                          AT24CXX_SDA_GPIO_PORT,
94                          AT24CXX_SDA_GPIO_PIN,
95                          5
96                      );
97      }
```

9.9 总 结

　　I²C 通信是重要的通信协议之一,本章主要是让读者理解 I²C 的通信时序。掌握起始条件、停止条件、一帧数据发送等函数的编写,并且在 I²C 通信的基础之上操控 AT24C02 芯片,完成写或读时序的操作,让读者可以从零开始掌握如何操控一款 AT24C02 的芯片。

9.10 思考与练习

1. 模拟 I²C 总线时序。
2. 理解 I²C 总线硬件结构。
3. 理解 I²C 总线开漏模式的设置。

第 10 章

SPI 总线

10.1　SPI 总线简介

10.1.1　SPI-Bus 介绍

SPI(Serial Peripheral Interface)是由 Motorola 公司开发的串行外围设备接口，是一种高速的、全双工、同步的通信总线。其主要应用在 EEPROM、FLASH，实时时钟和 A/D 转换器，还有数字信号处理器和数字信号解码器等器件上。

SPI 总线的通信方式：同步串行全双工。

SPI 总线的通信速度：10～100 MHz，以及 100 MHz 以上。

10.1.2　SPI-Bus 物理拓扑结构

1. 五线制接口(四线制 SPI)

MOSI：主出从入；

MISO：主入从出；

SCK：时钟线；

CS#：片选；

GND：地线。

MOSI 全双工通信如图 10.1.1 所示。

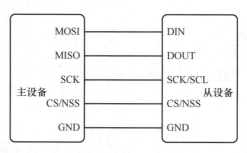

图 10.1.1　MOSI 全双工通信

2. 四线制接口(三线制 SPI)

IO:双向通信数据线;

SCK:时钟线;

CS:片选;

GND:地线。

半双工通信如图 10.1.2 所示。

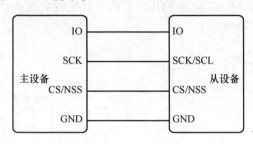

图 10.1.2 半双工通信

3. 物理拓扑结构

一主多从物理拓扑结构如图 10.1.3 所示。

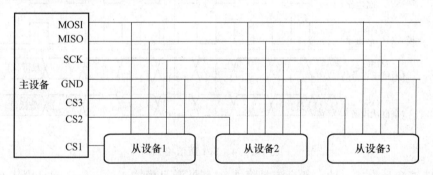

图 10.1.3 一主多从物理拓扑结构

依靠片选线去区分从设备,每增加一个从设备会增加一个 IO 口。

10.1.3 SPI 总线与 I²C 总线比较

SPI 总线与 I²C 总线之间的比较如表 10.1.1 所列。

表 10.1.1 SPI 与 I²C 对比

功能说明	SPI 总线	I²C 总线
通信方式	同步串行全双工	同步串行半双工
通信速度	一般 25 Mb/s 以上	100 Kb/s、400 Kb/s、3.4 Mb/s
主从设备通信	片选区分从设备	设备地址区分从设备
数据格式	数据格式不固定(时钟线有四种模式)	起始条件、数据位、应答位、停止条件
总线接口	MOSI、MISO、SCK、CS、GND	SDA、SCL、GND

10.1.4 SPI-Bus 通信格式

通信数据帧过程：

① 拉低片选线；

② 产生上升沿让 MOSI 以及 MISO 准备数据；

③ 产生下降沿让 MOSI 以及 MISO 发送并且接收数据；

④ 完成一个字节数据以后；

⑤ 拉高片选。

SPI 通信格式如图 10.1.4 所示。

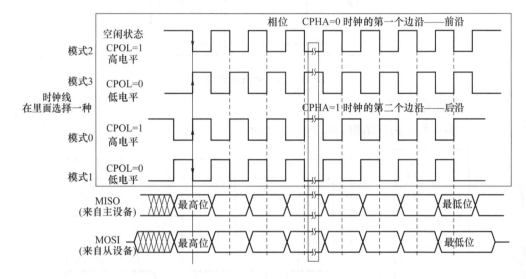

图 10.1.4 SPI 通信格式

能够满足模式 0 的一般会满足模式 3，能够满足模式 1 的一般会满足模式 2。

SPI 总线的数据帧格式不固定，可以发送并接收任意比特的数量。

SPI 发送过程或接收过程都可以暂停。

为了方便使用，很多情况下会将 SPI 总线数据格式转成一个字节发送并且接收。

SPI 总线每发送 1 bit 必然会接收到 1 bit 数据。

模拟 SPI 发送并接收一个字节数据，具体代码如下：

```
01      uint8_t spi_send_and_recive_byte(uint8_t send_byte_data)
02      {
03          uint8_t recive_byte_data = 0;
04          uint8_t value = 0;
05
```

```
06        CS = 0;
07
08        //上升沿准备数据,下降沿发送并接收数据
09        for(value = 0; value < 8; value++)
10        {
11            CLK = 1;//让主从设备准备数据
12            if(send_byte_data&(0x80>>value))
13            {
14                MOSI = 1;
15            }
16            else
17            {
18                MOSI = 0;
19            }//主设备准备数据,从设备自己准备数据不需要代码实现
20            //如果通信速度不是很快,则注意添加延时代码
21            CLK = 0;//让主从设备发送并且接收数据
22
23            recive_byte_data <<= 1;
24            recive_byte_data |= MISO;
25            //如果通信速度不是很快,则注意添加延时代码
26        }
27
28        CS = 1;
29    }
```

10.2 STM32 的 SPI 总线简介

10.2.1 SPI 介绍

　　SPI(串口外设接口)提供两个主要功能,即支持 SPI 协议和支持 I²S 音频协议。默认情况下,选择的是支持 SPI 协议。我们可通过软件将接口从 SPI 切换到 I²S。

　　SPI 可与外部器件进行半双工/全双工的同步串行通信。该接口可配置为主模式,在这种情况下,它可为外部从器件提供通信时钟（SCK）。该接口还能够在多主模式配置下工作。

　　它可用于多种用途,包括基于双线的单工同步传输,其中一条可作为双向数据线,或使用 CRC 校验实现可靠通信。

10.2.2　SPI 控制器的特性

SPI 控制器的特性如下：

- 基于 3 条线的全双工同步传输（MOSI、MISO、SCK）。
- 基于双线的单工同步传输，其中一条可作为双向数据线（I/O、SCK）。
- 8 位或 16 位传输帧格式选择（数据位长度可以选择为 8 位/16 位）。
- 主模式或从模式操作（即可工作在主模式/主设备也可以工作在从模式/从设备）。
- 多主模式功能（能够在有多个主设备情况下工作）。
- 8 个主模式波特率预分频器（最大值为 $f_{PCLK}/2$）。
- 从模式频率（最大值为 $f_{PCLK}/2$）。
- 对于主模式和从模式都可实现更快的通信。
- 对于主模式和从模式都可通过硬件或软件进行 NSS 管理：动态切换主/从操作（用来选择主设备还是从设备）。
- 可编程的时钟极性和相位（时钟线模式选择引脚）。
- 可编程的数据顺序，最先移位 MSB 或 LSB。
- 可触发中断的专用发送和接收标志。
- SPI 总线忙状态标志。
- SPI TI 模式。
- 用于确保可靠通信的硬件 CRC 功能：
  - 在发送模式下可将 CRC 值作为最后一个字节发送；
  - 根据收到的最后一个字节自动进行 CRC 错误校验；
- 可触发中断的主模式故障、上溢和 CRC 错误标志；
- 具有 DMA 功能的 1 字节发送和接收缓冲器：发送和接收请求。

10.3　STM32 的 SPI 控制器框架

移位寄存器中的数据是直接从发送缓冲区来的，移位寄存器接收到新的数据后会直接送到接收缓冲区。

发送缓冲区和接收缓冲区共用同一个数据寄存器；数据寄存器分发送缓冲区和接收缓冲区。

SPI 控制器框架如图 10.3.1 所示。

SPI 配置流程：

（1）初始化 GPIO

① 开启 GPIO 口时钟；

② 配置寄存器（MOSI 选择复用功能，推挽输出；MISO 选择普通输入功能）；

③ 注意：AFIO 的配置。

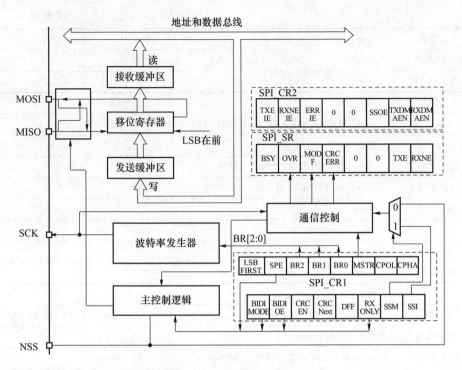

图 10.3.1　SPI 控制器框架

（2）初始化 SPI 控制器

① 开启 SPI 时钟；

② 配置 SPI→CR1 寄存器。

（3）编写发送/接收一个字节函数

发送和接收写在一个函数中，每发送一个数据，也接收到一个数据。

10.4　SPI 控制器相关配置函数

SPI 控制器的相关配置函数如表 10.4.1 所列。

表 10.4.1　SPI 控制器的相关配置函数

函数名	SPI_Init
函数原形	void SPI_Init(SPI_TypeDef * SPIx, SPI_InitTypeDef * SPI_InitStruct)
功能描述	根据 SPI_InitStruct 中指定的参数初始化外设 SPIx
输入参数 1	SPIx：具体 SPI 外设，如 SPI1～SPI6
输入参数 2	SPI_InitStruct：SPI 外设控制器配置参数，具体参数参考 SPI_InitTypeDef 数据类型
输出参数	None

返回值	None
先决条件	None
被调用函数	None
函数名	SPI_Cmd
函数原形	void SPI_Cmd(SPI_TypeDef * SPIx, FunctionalState NewState)
功能描述	使能 SPI 外设
输入参数 1	SPIx：具体 SPI 外设，如 SPI1～SPI6
输入参数 2	NewState：ENABLE 或 DISABLE
输出参数	None
返回值	None
先决条件	None
被调用函数	None
函数名	SPI_I2S_GetFlagStatus
函数原形	FlagStatus SPI_I2S_GetFlagStatus(SPI_TypeDef * SPIx，uint16_t SPI_I2S_FLAG)
功能描述	获取 SPI 总线标志状态
输入参数 1	SPIx：具体 SPI 外设，如 SPI1～SPI6
输入参数 2	SPI_I2S_FLAG：标志值，如 SPI_I2S_FLAG_TXE、SPI_I2S_FLAG_RXNE
输出参数	SET 或 RESET
返回值	None
先决条件	None
被调用函数	None
函数名	SPI_I2S_SendData
函数原形	void SPI_I2S_SendData(SPI_TypeDef * SPIx, uint16_t Data)
功能描述	SPI 总线发送数据
输入参数 1	SPIx：具体 SPI 外设，如 SPI1～SPI6
输入参数 2	Data：需要发送的数据值
输出参数	None
返回值	None
先决条件	None
被调用函数	None
函数名	SPI_I2S_ReceiveData
函数原形	uint16_t SPI_I2S_ReceiveData(SPI_TypeDef * SPIx)
功能描述	SPI 总线获取数据
输入参数	SPIx：具体 SPI 外设，如 SPI1～SPI6

输出参数	接收的字节数据
返回值	None
先决条件	None
被调用函数	None

10.5　W25Q64 芯片简介

10.5.1　W25Q64 介绍

　　W25Q64(64 Mbit),W25Q16(16 Mbit)和 W25Q32(32 Mbit)是为系统提供一个最小的空间、引脚和功耗的存储器解决方案的串行 FLASH 存储器。W25Q 系列比普通的串行 FLASH 存储器更灵活,性能更优越。基于双倍/四倍的 SPI,它们能够立即完成提供数据给 RAM,包括存储声音、文本和数据。芯片支持的工作电压为 2.7～3.6 V,正常工作时电流小于 5 mA,掉电时低于 1 μA。所有芯片提供标准的封装。

　　W25Q64/16/32 由每页 256 B 组成。每页的 256 B 用一次页编程指令即可完成。每次可以擦除 16 页(1 个扇区)、128 页(32 KB 块)、256 页(64 KB 块)和全片擦除。W25Q64 的内存空间结构:一页 256 B,4 KB(4 096 B)为一个扇区,16 个扇区为 1 块,容量为 8 MB,共有 128 个块,2 048 个扇区。

　　W25Q64/16/32 支持标准串行外围接口(SPI)和高速的双倍/四倍输出,双倍/四倍用的引脚:串行时钟、片选端、串行数据 I/O0(DI)、I/O1(DO)、I/O2(WP)和 I/O3(HOLD)。SPI 最高支持 80 MHz,当用快读双倍/四倍指令时,相当于双倍输出时最高速率 160 MHz,四倍输出时最高速率 320 MHz。这个传输速率比得上 8 位和 16 位的并行 FLASH 存储器。

　　HOLD 引脚和写保护引脚可编程写保护。此外,芯片支持 JEDEC 标准,具有唯一的 64 位识别序列号。

10.5.2　W25Q64 的特点

- SPI 串行存储器系列:
  - W25Q64:64M 位/8 MB;
  - W25Q16:16M 位/2 MB;
  - W25Q32:32M 位/4 MB;
  - 每 256 B 可编程页。
- 灵活的 4 KB 扇区结构:
  - 统一的扇区擦除(4 KB);

- 块擦除（32 KB 和 64 KB）；

- 一次编程 256 B；

- 至少 100 000 写/擦除周期；

- 数据保存 20 年。

- 标准、双倍和四倍 SPI：

- 标准 SPI：CLK、CS、DI、DO、WP、HOLD；

- 双倍 SPI：CLK、CS、IO0、IO1、WP、HOLD；

- 四倍 SPI：CLK、CS、IO0、IO1、IO2、IO3。

- 高级的安全特点：

- 软件和硬件写保护；

- 选择扇区和块保护；

- 一次性编程保护（1）；

- 每个设备具有唯一的 64 位 ID（1）。

注：（1）这些 ID 在特殊订单中。请联系 Winbond 获得更详细资料。

- 高性能串行 FLASH 存储器：

- 比普通串行 FLASH 性能高 6 倍；

- 80 MHz 时钟频率；

- 双倍 SPI 相当于 160 MHz；

- 四倍 SPI 相当于 320 MHz；

- 40 MB/S 连续传输数据；

- 30 MB/S 随机存取（每 32 B）；

- 比得上 16 位并行存储器。

10.5.3　W25Q64 硬件介绍

W25Q64 硬件介绍如图 10.5.1 所示。

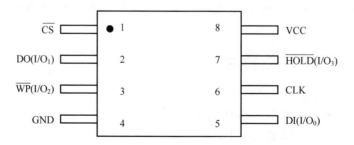

图 10.5.1　W25Q64 硬件介绍

W25Q64 引脚说明如表 10.5.1 所列。

表 10.5.1　W25Q64 引脚说明

引脚编号	引脚名称	I/O	功　能
1	$\overline{CS}$	I	片选端输入
2	DO(IO$_1$)	I/O	数据输出(数据输入输出 1)
3	$\overline{WP}$(IO$_2$)	I/O	写保护输入(数据输入输出 2)
4	GND		地
5	DI(IO$_0$)	I/O	数据输入(数据输入输出 0)
6	CLK	I	串行时钟输入
7	HOLD(IO$_3$)	I/O	保持端输入(数据输出输出 3)
8	VCC		电源

10.5.4　W25Q64 的 SPI 操作

与 W25Q64/16/32 兼容的 SPI 总线包含 4 个信号：串行时钟（CLK）、片选端（$\overline{CS}$）、串行数据输入（DI）和串行数据输出（DO）。标准的 SPI 用 DI 输入引脚在 CLK 的上升沿连续的写命令、地址或数据到芯片内。DO 输出在 CLK 的下降沿从芯片内读出数据或状态。

支持 SPI 总线的工作模式 0(0,0)和 3(1,1)。模式 0 和模式 3 的主要区别在于常态时的 CLK 信号，当 SPI 主机已准备好数据但还没传输到串行 FLASH 中时，对于模式 0 CLK 信号常态为低。

串行时钟输入引脚为串行输入和输出操作提供时序。（见 10.1.4 小节 SPI 操作）

设备数据传输是从高位开始，数据传输的格式为 8 bit，数据采样从第二个时间边沿开始，空闲状态时，时钟线 CLK 为高电平。

10.6　W25Q64 的操作指南

10.6.1　指令表

W25Q64 指令如表 10.6.1 所列。

表 10.6.1　W25Q64 指令

指令名称	字节 1(代码)	字节 2	字节 3	字节 4	字节 5	字节 6
写使能	06h		—			
禁止写	04h		—			
读状态寄存器 1	05h	(S7～S0)		—		

指令名称	字节 1(代码)	字节 2	字节 3	字节 4	字节 5	字节 6
读状态寄存器 2	35h	(S15~S8)	—			
写状态寄存器	01h	(S7~S0)	(S15~S8)	—		
页编程	02h	A23~A16	A15~A8	A7~A0	(D7~D0)	—
四位页编程	32h	A23~A16	A15~A8	A7~A0	(D7~D0,…)	—
块擦除(64 KB)	D8h	A23~A16	A15~A8	A7~A0	—	
块擦除(32 KB)	52h	A23~A16	A15~A8	A7~A0	—	
扇区擦除(4 KB)	20h	A23~A16	A15~A8	A7~A0	—	
全片擦除	C7h/60h	—				
暂停擦除	75h	—				
恢复擦除	7Ah	—				
掉电模式	B9h	—				
高性能模式	A3h	—	—	—	—	—

10.6.2　指令时序图

1. 写使能时序

写使能(06h)时序图如图 10.6.1 所示。

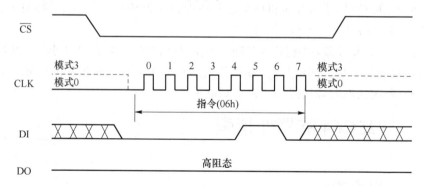

图 10.6.1　写使能时序图

写启用指令将状态寄存器中的写启用锁存器(WEL)位设置为 0xa1,必须在每个页程序、扇区擦除、块擦除、芯片擦除和擦除之前设置 WEL 位写状态寄存器指令。使写指令是通过驱动 $\overline{CS}$ 低,移动指令码"06h"进入 CLK 上升沿的数据输入(DI)引脚,然后驱动 $\overline{CS}$ 升高。

2. 读状态寄存器时序

读状态寄存器(35h)如图 10.6.2 所示。

读取状态寄存器指令允许读取 8 位状态寄存器。指令是通过低驱动$\overline{\text{CS}}$输入，并将状态寄存器 1 的指令代码"05h"和"35h"输入状态寄存器 2 进入 CLK 上升沿的 DI 引脚。

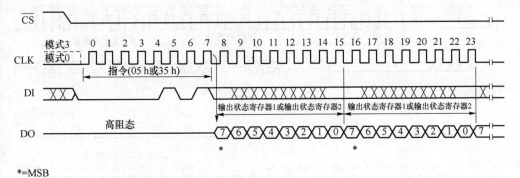

*=MSB

图 10.6.2　读状态寄存器时序图

3. 读数据时序

读数据(03h)时序图如图 10.6.3 所示。

Read Data 指令允许从内存中顺序地再读取一个数据字节。启动方式是将$\overline{\text{CS}}$引脚调低，然后将指令代码"03h"移至后面进入 DI 引脚的 24 位地址(A23～A0)。码位和地址位被锁存在控件的 CLK 上升沿。接收到地址后，地址内存位置的数据字节将被移出在 CLK 下降沿的 DO 引脚上，最有效位(MSB)首先移到 DO 线上。地址是自动的在数据的每个字节被移出后，递增到下一个更高的地址，允许连续流的数据。

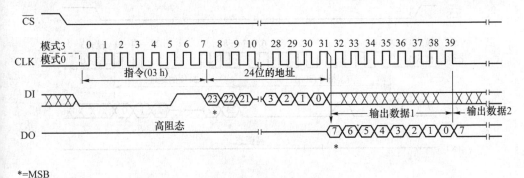

*=MSB

图 10.6.3　读数据时序图

4. 页写指令时序

页写指令(02h)时序图如图 10.6.4 所示。

页程序指令允许将数据从 1 B 编程到 256 B(一页)。先擦除(FFh)存储器位置，先执行写指令(即状态寄存器位 WEL＝1)。指令启动通过驱动$\overline{\text{CS}}$引脚，然后将指令代码"02h"和一个 24 位地址(A23～A0)一起移动。

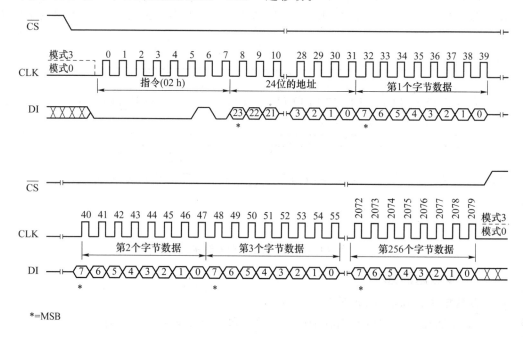

*=MSB

图 10.6.4 页写指令时序图

5. 扇区擦除指令时序

扇区擦除指令(20h)时序图如图 10.6.5 所示。

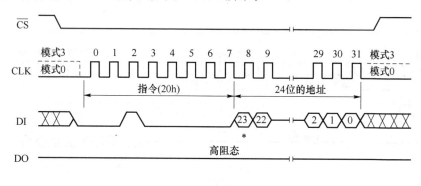

*=MSB

图 10.6.5 扇区擦除指令时序图

扇区擦除指令将指定扇区(4 KB)内的所有内存设置为所有已擦除状态(FFh)。在设备接受扇区擦除之前,必须执行写启用指令指令(状态寄存器位 WEL 必须等于1)。该指令由驱动CS引脚低启动并将指令码"20h"跟随一个 24 位扇区地址(A23～A0)移动。

10.7 W25Q64 芯片例程

10.7.1 W25Q64 硬件结构分析

（1）W25Q64 硬件结构

W25Q64 硬件结构原理图如图 10.7.1 所示。

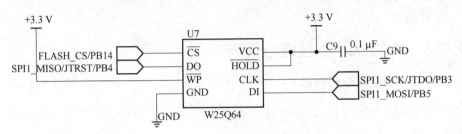

图 10.7.1 W25Q64 硬件结构原理图

（2）W25Q64 硬件结构原理图分析

根据硬件结构原理图分析得到：W25Q64 的片选线位于 PB14 接口，W25Q64 的时钟线位于 PB3 接口，W25Q64 的主出从入位于 PB5 接口，W25Q64 的主入从出位于 PB4 接口。

10.7.2 W25Q64 软件设计思路

1. 初始化 SPI 控制器 I/O 口

① 开时钟；

② 模式（PB14：输出；PB3～5：复用）；

③ 类型（PB14：推挽；PB3～5：开漏）；

④ 速度（50M）。

2. 初始化 SPI 控制器

① 开时钟；

② 配置控制器；

③ 开启 SPI 外设。

3. 编写一个发送字节和接收字节函数

① 等待发送缓冲区空；

② 发送数据；

③ 等待接收缓冲区非空；

④ 获取数据。

4. 编写 W25Q64 的操作函数

① 读 ID 操作；

② 扇区擦除操作；

③ 写使能操作；

④ 写完成检测；

⑤ 页写操作；

⑥ 跨页写操作；

⑦ 读操作。

10.7.3　W25Q64 例程核心代码

W25Q64 例程核心代码如下：

```
01    /*初始化 SPI */
02    void init_spi(void)
03    {
04        RCC_AHB1PeriphClockCmd(RCC_AHB1Periph_GPIOB, ENABLE);    //使能 GPIOB 时钟
05
06        //GPIOFB3,4,5 初始化设置
07        GPIO_InitTypeDef    init_gpio_structure;
08        init_gpio_structure.GPIO_Pin = GPIO_Pin_3|GPIO_Pin_4|GPIO_Pin_5;
                                                            //PB3～5 复用功能输出
09        init_gpio_structure.GPIO_Mode = GPIO_Mode_AF;           //复用功能
10        init_gpio_structure.GPIO_OType = GPIO_OType_PP;         //推挽输出
11        init_gpio_structure.GPIO_Speed = GPIO_Speed_100MHz;     //100 MHz
12        init_gpio_structure.GPIO_PuPd = GPIO_PuPd_UP;           //上拉
13        GPIO_Init(GPIOB, &init_gpio_structure);                 //初始化
14
15        GPIO_PinAFConfig(GPIOB,GPIO_PinSource3,GPIO_AF_SPI1);   //PB3 复用为 SPI1
16        GPIO_PinAFConfig(GPIOB,GPIO_PinSource4,GPIO_AF_SPI1);   //PB4 复用为 SPI1
17        GPIO_PinAFConfig(GPIOB,GPIO_PinSource5,GPIO_AF_SPI1);   //PB5 复用为 SPI1
18
19        //对 SPI 口初始化
20        RCC_APB2PeriphClockCmd(RCC_APB2Periph_SPI1, ENABLE);    //使能 SPI1 时钟
21
22        SPI_InitTypeDef    init_spi_structure;
23        init_spi_structure.SPI_Direction = SPI_Direction_2Lines_FullDuplex;
                    //设置 SPI 单向或者双向的数据模式;SPI 设置为双线双向全双工
```

```
24        init_spi_structure.SPI_Mode = SPI_Mode_Master;
                              //设置 SPI 工作模式:设置为主 SPI
25        init_spi_structure.SPI_DataSize = SPI_DataSize_8b;
                              //设置 SPI 的数据大小:SPI 发送接收 8 位帧结构
26        init_spi_structure.SPI_CPOL = SPI_CPOL_High;
                              //串行同步时钟的空闲状态为高电平
27        init_spi_structure.SPI_CPHA = SPI_CPHA_2Edge;
                              //串行同步时钟的第二个跳变沿(上升或下降)数据
                              //被采样
28        init_spi_structure.SPI_NSS = SPI_NSS_Soft;
                              //NSS 信号由硬件(NSS 管脚)还是软件(使用 SSI 位)
                              //管理:内部 NSS 信号有 SSI 位控制
29        init_spi_structure.SPI_BaudRatePrescaler = SPI_BaudRatePrescaler_256;
                              //定义波特率预分频的值:波特率预分频值为 256
30        init_spi_structure.SPI_FirstBit = SPI_FirstBit_MSB;
                              //指定数据传输从 MSB 位还是 LSB 位开始:数据传输
                              //从 MSB 位开始
31        init_spi_structure.SPI_CRCPolynomial = 7;    //CRC 值计算的多项式
32        SPI_Init(SPI1, &init_spi_structure);
                              //根据 SPI_InitStruct 中指定的参数初始化外设
                              //SPIx 寄存器
33
34        SPI_Cmd(SPI1, ENABLE);    //使能 SPI 外设
35    }
36
37    /* SPI 读/写字节数据 */
38    uint8_t w25qxx_flash_spi_read_write_byte_data(uint8_t txdata)
39    {
40        //等待发送区空
41        while (SPI_I2S_GetFlagStatus(SPI1, SPI_I2S_FLAG_TXE) == RESET)
42        {
43            ;
44        }
45
46        SPI_I2S_SendData(SPI1, TxData);  //通过外设 SPIx 发送 1 B 数据
47
48        //等待接收
49        while (SPI_I2S_GetFlagStatus(SPI1, SPI_I2S_FLAG_RXNE) == RESET)
50        {
51            ;
52        }
```

```
53
54        return SPI_I2S_ReceiveData(SPI1); //返回通过 SPIx 最近接收的数据
55    }
56

57    /* W25Q64 读 ID */
58    uint32_t w25qxx_flash_read_id(void)
59    {
60        uint32_t temp = 0, temp0 = 0, temp1 = 0, temp2 = 0;
61
62        /* 开始通信：CS 低电平 */
63        W25QXX_FLASH_CS_LOW();
64
65        /* 发送 JEDEC 指令，读取 ID */
66        w25qxx_flash_spi_read_write_byte_data(W25QXX_JEDECDEVICEID);
67
68        /* 读取一个字节数据 */
69        temp0 = w25qxx_flash_spi_read_write_byte_data(W25QXX_FLASH_DUMMY_BYTE);
70
71        /* 读取一个字节数据 */
72        temp1 = w25qxx_flash_spi_read_write_byte_data(W25QXX_FLASH_DUMMY_BYTE);
73
74        /* 读取一个字节数据 */
75        temp2 = w25qxx_flash_spi_read_write_byte_data(W25QXX_FLASH_DUMMY_BYTE);
76
77        /* 停止通信：CS 高电平 */
78        W25QXX_FLASH_CS_HIGH();
79
80        /* 把数据组合起来，作为函数的返回值 */
81        temp = (temp0 << 16) | (temp1 << 8) | temp2;
82
83        return temp;
84    }
85
86    /* 写使能 */
87    static void w25qxx_flash_write_enable(void)
88    {
89        /* 通信开始：CS 低 */
90        W25QXX_FLASH_CS_LOW();
91
92        /* 发送写使能命令 */
```

```
93          w25qxx_flash_spi_read_write_byte_data(W25QXX_WRITEENABLE);
94
95          /* 通信结束:CS 高 */
96          W25QXX_FLASH_CS_HIGH();
97      }
98
99      /* 等待写完成 */
100     static void w25qxx_flash_wait_write_end(void)
101     {
102          uint8_t w25qxx_flash_status = 0;
103
104          /* 选择 W25QXX_FLASH:CS 低 */
105          W25QXX_FLASH_CS_LOW();
106
107          /* 发送读状态寄存器命令 */
108          w25qxx_flash_spi_read_write_byte_data(W25QXX_READSTATUSREG);
109
110          /* 若 W25QXX_FLASH 忙碌,则等待 */
111          do
112          {
113              /* 读取 W25QXX_FLASH 芯片的状态寄存器 */
114              w25qxx_flash_status = w25qxx_flash_spi_read_write_byte_data(W25QXX_
                                      FLASH_DUMMY_BYTE);
115          }
116          while((w25qxx_flash_status & W25QXX_FLASH_WAIT_FLAG) == SET);
                                                          /* 正在写入标志 */
117
118          /* 停止信号 W25QXX_FLASH:CS 高 */
119          W25QXX_FLASH_CS_HIGH();
120     }
121
122     /* 扇区擦除 */
123     void w25qxx_flash_sector_erase(uint32_t sectoraddr)
124     {
125          /* 发送 W25QXX_flash 写使能命令 */
126          w25qxx_flash_write_enable();
127          w25qxx_flash_wait_write_end();
128          /* 擦除扇区 */
129          /* 选择 W25QXX_FLASH:CS 低电平 */
130          W25QXX_FLASH_CS_LOW();
131          /* 发送扇区擦除指令 */
```

```
132        w25qxx_flash_spi_read_write_byte_data(W25QXX_SECTORERASE);
133        /* 发送擦除扇区地址的高位 */
134        w25qxx_flash_spi_read_write_byte_data((sectoraddr & 0xFF0000) >> 16);
135        /* 发送擦除扇区地址的中位 */
136        w25qxx_flash_spi_read_write_byte_data((sectoraddr & 0xFF00) >> 8);
137        /* 发送擦除扇区地址的低位 */
138        w25qxx_flash_spi_read_write_byte_data(sectoraddr & 0xFF);
139        /* 停止信号 W25QXX_FLASH:CS 高电平 */
140        W25QXX_FLASH_CS_HIGH();
141        /* 等待擦除完毕 */
142        w25qxx_flash_wait_write_end();
143   }
144
145   /* 页写数据 */
146   static void w25qxx_flash_page_write_data(uint32_t write_addr, uint8_t *
                                             pbuffer, u16 write_num)
147   {
148        /* 发送 w25qxx_flash 写使能命令 */
149        w25qxx_flash_write_enable();
150
151        /* 选择 W25QXX_FLASH:CS 低电平 */
152        W25QXX_FLASH_CS_LOW();
153        /* 写送写指令 */
154        w25qxx_flash_spi_read_write_byte_data(W25QXX_PAGEPROGRAM);
155        /* 发送写地址的高位 */
156        w25qxx_flash_spi_read_write_byte_data((write_addr & 0xFF0000) >> 16);
157        /* 发送写地址的中位 */
158        w25qxx_flash_spi_read_write_byte_data((write_addr & 0xFF00) >> 8);
159        /* 发送写地址的低位 */
160        w25qxx_flash_spi_read_write_byte_data(write_addr & 0xFF);
161
162        if(write_num > W25QXX_FLASH_PERWRITEPAGESIZE)
163        {
164            write_num = W25QXX_FLASH_PERWRITEPAGESIZE;
165        }
166
167        /* 写入数据 */
168        while(write_num --)
169        {
170            /* 发送当前要写入的字节数据 */
171            w25qxx_flash_spi_read_write_byte_data(* pbuffer);
```

```
172            /* 指向下一字节数据 */
173            pbuffer++;
174        }
175
176        /* 停止信号 W25QXX_FLASH:CS 高电平 */
177        W25QXX_FLASH_CS_HIGH();
178
179        /* 等待写入完毕 */
180        w25qxx_flash_wait_write_end();
181    }
182
183    /* 跨页写数据 */
184    void w25qxx_flash_write_data(uint32_t write_addr, uint8_t * pbuffer, uint32_t
                                      write_num)
185    {
186        uint32_t now_addr = 0;
187        uint32_t now_write_number = 0;
188
189        /* 计算当前这次需要写入的数据量 */
190        now_write_number = (write_num > (W25QXX_FLASH_PAGESIZE - write_addr %
                          W25QXX_FLASH_PAGESIZE))?          \
191                          ((W25QXX_FLASH_PAGESIZE - write_addr % W25QXX_
                          FLASH_PAGESIZE)):(write_num);
192        /* 计算当前这次写入的地址 */
193        now_addr = write_addr;
194
195        while(write_num)
196        {
197            /* 写入一页数据 */
198            w25qxx_flash_page_write_data(now_addr,pbuffer,now_write_number);
199
200            /* 计算剩余需要写入的字节数量 */
201            now_addr += now_write_number;
202            pbuffer += now_write_number;
203            write_num -= now_write_number;
204
205            now_write_number = (write_num > W25QXX_FLASH_PAGESIZE)? (W25QXX_
                              FLASH_PAGESIZE):(write_num);
206        }
207    }
208
```

```
209         /* 读数据 */
210         void w25qxx_flash_read_data(uint32_t read_addr, uint8_t * pbuffer, uint32_t
                                        read_num)
211         {
212             /* 选择 W25QXX_FLASH:CS 低电平 */
213             W25QXX_FLASH_CS_LOW();
214
215             /* 发送读指令 */
216             w25qxx_flash_spi_read_write_byte_data(W25QXX_READDATA);
217
218             /* 发送读地址高位 */
219             w25qxx_flash_spi_read_write_byte_data((read_addr & 0xFF0000) >> 16);
220             /* 发送读地址中位 */
221             w25qxx_flash_spi_read_write_byte_data((read_addr& 0xFF00) >> 8);
222             /* 发送读地址低位 */
223             w25qxx_flash_spi_read_write_byte_data(read_addr & 0xFF);
224
225             /* 读取数据 */
226             while(read_num--)
227             {
228                 /* 读取一个字节 */
229                 * pbuffer = w25qxx_flash_spi_read_write_byte_data(W25QXX_FLASH_
                                DUMMY_BYTE);
230                 /* 指向下一个字节缓冲区 */
231                 pbuffer++;
232             }
233
234             /* 停止信号 W25QXX_FLASH:CS 高电平 */
235             W25QXX_FLASH_CS_HIGH();
236         }
```

10.8 GB2312 汉字库

GB2312 字符集是几乎所有的中文系统和国际化的软件都支持的中文字符集，这也是最基本的中文字符集。

10.8.1 汉字库分析

我们知道，一个中文汉字占 2 个字节大小，我们先通过一个简单的代码看一下一个汉字的 2 个字节数据分别是什么。代码及效果如图 10.8.1 所示。

```
int main(void)
{
    unsigned char hz_str[]="你";

    printf("size:%d\n",sizeof(hz_str));
    printf("你 的区码: %x\n",hz_str[0]);
    printf("你 的位码: %x\n",hz_str[1]);

    return 0;
```

图 10.8.1　代码及效果图

可以看到，"你"字的两个字节数据分别为 0xc4 和 0xe3。其实这 2 个数据分别是 GB2312 汉字库中的区码和位码。那什么是区码和位码呢？

GB2312 规定"对任意一个图形字符都采用两个字节表示"，分别是区字节和位字节。区字节和位字节分析如图 10.8.2 所示。

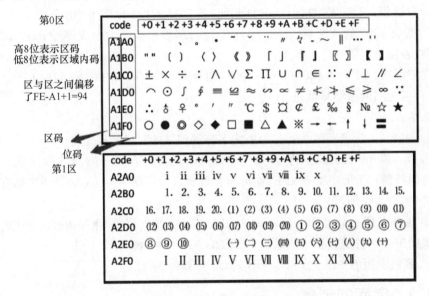

图 10.8.2　区字节和位字节分析

具体分析一个区域如图 10.8.3 所示。

0xB0 区的汉字符分布，在该区中：

"啊"是 0xB0 区的第 1 个汉字符，位 0xB0A1；

"阿"是 0xB0 区的第 2 个汉字符，位 0xB0A2；

"鞍"是 0xB0 区的第 0xB0－0xA1＋1＝16 个汉字符，位 0xB0B0；

"氨"是 0xB0 区的第 0xB1－0xA1＋1＝17 个汉字符，位 0xB0B1。

依次类推，每一个区域都是这样的分布情况。

code	+0	+1	+2	+3	+4	+5	+6	+7	+8	+9	+A	+B	+C	+D	+E	+F
B0A0		啊	阿	埃	挨	哎	唉	哀	皑	癌	蔼	矮	艾	碍	爱	隘
B0B0	鞍	氨	安	俺	按	暗	岸	胺	案	肮	昂	盎	凹	敖	熬	翱
B0C0	袄	傲	奥	懊	澳	芭	捌	扒	叭	吧	笆	八	疤	巴	拔	跋
B0D0	靶	把	耙	坝	霸	罢	爸	白	柏	百	摆	佰	败	拜	稗	斑
B0E0	班	搬	扳	般	颁	板	版	扮	拌	伴	瓣	半	办	绊	邦	帮
B0F0	梆	榜	膀	绑	棒	磅	蚌	镑	傍	谤	苞	胞	包	褒	剥	

图 10.8.3 具体区域分析

在整个汉字库中,其编码范围是高位(区码)0xA1-0xFE,低位(区内位码)也是0xA1-0xFE 。那么,相邻区域的中文字符的偏移个数就为0xFE-0xA1+1=94。

通过查看"GB2312简体中文编码表"可以知道,汉字从 0xB0A1("啊")开始,结束于 0xF7FE("齄")。

换句话说,汉字从 16 区(0xB0)起始,汉字区的"高位字节"的范围是 0xB0~0xF7,"低位字节"的范围是 0xA1~0xFE。所以,如果区码大于或等于 0xB0 就表示是汉字,否则是字符。

汉字区有 0xF7-0xB0+1=48 个区,每个汉字区有 0xFE-0xA1+1=94 个汉字(区与区之间的偏移量就是 94)。

总结:

① GB2312 汉字库里面所有的中文字符的编排顺序已经规定好。

② 第 01~09 区为国标符号,第 10~15 区为空区,第 16~87 区为汉字区。每个区域内码范围均为 0xA1~0xFE(你可能会看到有写区域并非 0xA1-0xFE 都有对应的字符,当它为空即可)。

③ 编码范围是高位(区码)0xA1-0xFE,低位(区内位码)也是 0xA1-0xFE 。相邻区域的中文字符的偏移个数就为 0xFE-0xA1+1=94。

④ 我们常用的中文从 0xB0 区开始,结束于 0xF7 区。

10.8.2 字库的创建

OLED 要显示文字,需要把待显示文字的点阵编码一个一个通过取模软件取出来,然后用一个数组保存起来,这是相当麻烦的。现在有了这样汉字库后,就不需要自己逐个逐个字去取模了。直接创建的一个 GB2312 字库,这个字库存放着我们在"GB2312 简体中文编码表"看到的所有中文字符的点阵编码,并且是按照编码表的顺序编排。我们前面用取模软件取模的汉字大小是 16×16(32 B),假设我们所制作的汉字库里每个中文字符的字体大小也是 16×16(32 B),那么字库里的存放方式则如图 10.8.4 所示。

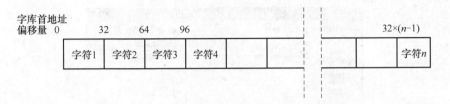

图 10.8.4　字库里的存放方式

也就是说,在整个字库中,所有中文字符的顺序都按照编码表的顺序编排,每个中文字符均占 32 B(32 B 是这里的假设值,具体字节个数视制作字库时而定)空间大小。

整个字库大小＝中文字符个数×每个中文字符字节大小。

可想而知,整个字库的大小并不是单单在内存中声明一个数组就能存放得下的,而需要用一个存储芯片来存放这个字库,这里直接采用 STM32F407ZGT6 的主FLASH 来存储。

接下来的问题就是如何制作出这样的一个比较完整的汉字编码库,使用软件HZKCreator.exe。

制作字库过程如下:

配置中文字库,如图 10.8.5 所示。

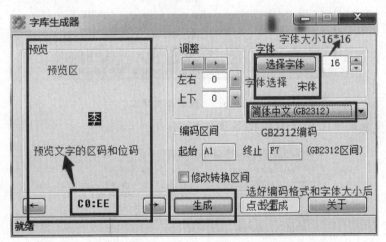

图 10.8.5　配置中文字库

保存生成的字库文件,如图 10.8.6 所示。

图 10.8.6 中制作的 HZK16.bin 文件就是我们前面编码表里所有中文字符的字库。但是,我们还希望把 ASCII 码也添加到这个库里面,这里就无需再对 ASCII 码和汉字进行单一取模了。

配置英文字库如图 10.8.7 所示。

图 10.8.6　保存生成的字库文件(1)

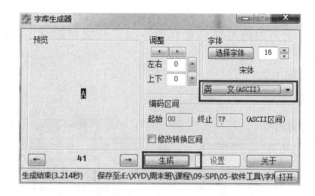

图 10.8.7　配置英文字库

保存生成的字库文件如图 10.8.8 所示。

图 10.8.8　保存生成的字库文件(2)

所以前面我们一共制作了 2 个字库，一个是汉字库的 BIN 文件（HZK16.bin），另一个是 ASCII 码库（ASC16.bin），这 2 个 BIN 文件是独立的。我们可以将这 2 个 BIN 文件合并成一个同时具有汉字编码和 ASCII 编码的字库 BIN 文件。这里有一个二进制文件合并工具（二进制文件合并工具.exe）。

合并过程如图 10.8.9～图 10.8.15 所示。

图 10.8.9 选择字库文件

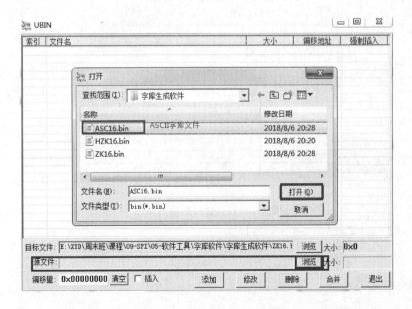

图 10.8.10 选择 ASC16.bin 文件

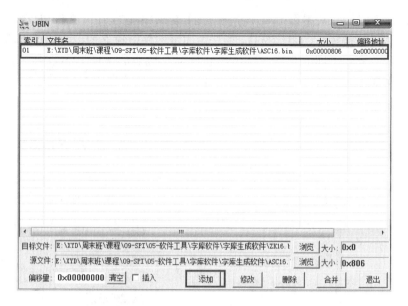

图 10.8.11　添加对应文件

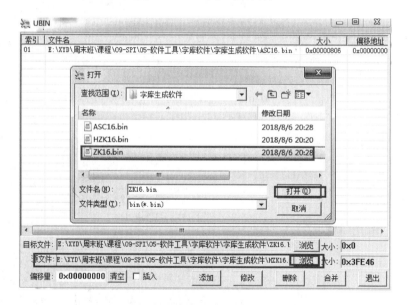

图 10.8.12　选择对应的路径

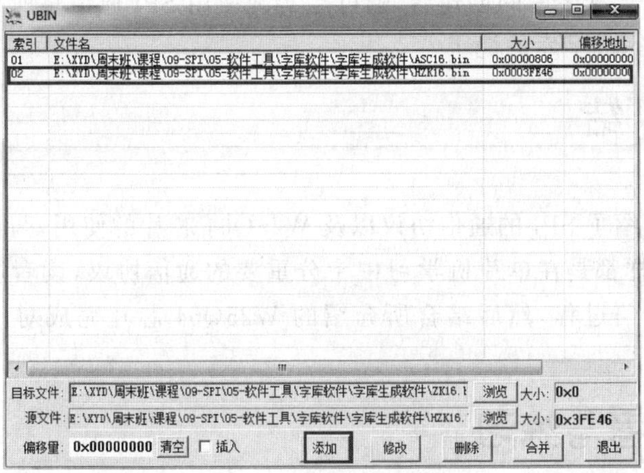

图 10.8.13　合并两个文件

图 10.8.14　合并完成示意图

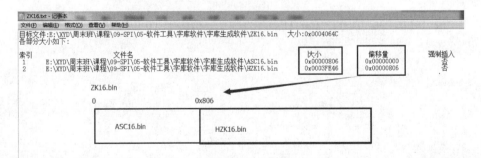

图 10.8.15　分析字库目前状态

当我们完成了汉字库的创建后,就可以实现使用 SPI 通信将所创建的字库烧写到 W25Q64 中,完成字库的烧录。

10.9　总　结

本章主要介绍了 SPI 的通信协议以及 W25Q64 芯片的使用,与第 9 章所介绍的 I^2C 通信协议一样都是在单片机学习中十分重要的通信协议,读者应多花时间去理解其原理以及通信过程,然后结合所介绍的 W25Q64 芯片完成对应的实验以加深理解。

10.10　思考与练习

1. 理解 SPI 总线时序。
2. 如何看待 SPI 通信的 4 种模式?
3. 阐述 SPI 接口器件在驱动时的注意事项。
4. 学习 SPI 接口器件时的关注点有哪些?

第**11**章

智能锁控制系统

11.1 智能锁简介

11.1.1 智能锁的概念

智能锁(Intelligent Lock)是指区别于传统机械锁,在用户识别、安全性、管理性方面更加智能化的锁具。智能锁是门禁系统中锁门的执行部件。

11.1.2 智能锁的特点

智能锁相对于传统的锁具有安全性、便利性、保安性、创造性和互动性等特点。

1. 安全性

一般的指纹密码锁具有密码泄露的危险。而最近的智能锁具有虚位密码功能技术,即在已登记的密码前面或后面,可以输入任意数字作为虚位密码,有效防止登记密码泄露,同时又可开启门锁。

在普通小区安保环境下,一般的门锁把手开启方式不能确保足够安全性能,可以很容易地从门外打钻小孔,再用钢丝转动把手将门打开。很多智能锁具有专利技术保障,在室内的把手设置中增加了安全把手按钮,需要按住安全把手按钮转动把手门才能开启,使得使用环境更加安全,同时,按照使用者需求,通过简单操作,本功能可以选择性设置。

最近的智能锁通过手掌触摸屏幕会自动显示,3 min 会自动锁死。密码是否已经设置,门锁是否已经开启或者关闭,密码或门卡登记数量,还有电池更换提示,锁舌阻塞警告,遇到低电压等情况,屏幕上均有显示,且是智能智控。

2. 便利性

智能锁区别于一般的机械锁,其具有自动电子感应锁定系统,当它感应到门处于关闭状态时,系统将自动上锁。智能锁可以通过指纹、触摸屏、卡开启门锁。

一般指纹锁在使用密码/指纹登记等功能时不方便,尤其是老人和小孩使用时,个别智能锁可以开启它独特的语音提示功能,让使用者操作更加简便易懂。

随着技术的发展,智能锁已不仅仅局限于指纹、密码和磁卡开锁,还增加了手机APP 开锁功能,能够通过手机远程操控家里的门锁。

3. 保安性

最近的智能锁不同于以往的"先开启再扫描"的方式,扫描方式非常简单,将手指放在扫描处的上方由上至下的扫描就可以,无需将手指按在扫描处,扫描的方式更减少指纹残留,大大降低了指纹被复制的可能性,安全独享。

4. 创造性

对于传统的机械锁,人们没有特别关注它的外观。智能锁不仅从外观的设计适合于人们的品位,甚至创造出了像苹果手机一样的智能感觉的智能锁具。

5. 互动性

智能门锁内置嵌入式处理器和智能监控系统,具备与房客之间在任何时间的互通互动能力,可以主动汇报当天来访的访客情况。另外,访客甚至可以远程控制智能门锁为来访的客人开门。

11.1.3 智能锁的常见种类

目前市面上常见的智能锁类型有:遥控类型(无线电、遥控器)、密码类型(数字密码)、感应卡类型(射频卡)和生物特征类型(指纹、瞳孔、声音)等。

11.2 智能锁的应用

11.2.1 智慧家居智能锁

通过无线网络技术,与智能家居控制网关联,除了无钥匙开门特色外,主打的是云开门、角色权限(如保姆、访客)等;在新一代产品中,将智能锁与猫眼进行了整合设计,同时具备防护和监视功能。智慧家居智能锁实物如图 11.2.1 所示。

11.2.2 智慧校园智能锁

智能锁,因为其具有低功耗、短延时、高容量、免执照、供电简单、方便管理等特点,已逐步应用在高校宿舍门锁上。大家都知道高校门锁众多,低功耗的联网门锁能在很大程度上节约资源,并且由于其网络的高容量性,能够一次控制多台设备同时运转,使智能锁的施工成本进一步

图 11.2.1 智慧家居智能锁实物图

降低。将智能锁连接到云端管理平台,可实现远程监管、统计分析和数据展现等功能。智慧校园智能锁实物如图 11.2.2 所示。

图 11.2.2　智慧校园智能锁实物图

11.2.3　智慧酒店智能锁

智慧酒店智能锁是指结合酒店住宿需求,支持在线、离线生物识别开锁功能,同时支持自动结算功能,主打的是酒店入住和离店的便捷性。基于统一的 TCP/IP 架构,通过酒店综合管理平台融合视频监控、报警、门禁一卡通、人证合一等智能化子系统,为酒店全面提升安防能力,提升客户体验。智慧酒店智能锁实物如图 11.2.3 所示。

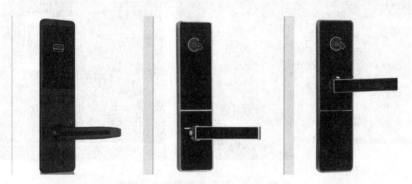

图 11.2.3　智慧酒店智能锁实物图

11.2.4　智慧公寓智能锁

智慧公寓智能锁支持住宿周期预订功能,同时支持与智能抄表结算系统关联,实现公寓租住的智能结算及统一管理。智慧公寓智能锁的出现,实现了人们在追求门锁安全性的同时,对门锁的便捷性、时尚性和先进性等诸多因素的追求,极大地方便了人们的生活,同时也促进了公寓租赁市场行业的发展。智慧公寓智能锁实物如图 11.2.4 所示。

图 11.2.4   智慧公寓智能锁实物图

11.2.5   智慧办公智能锁

智慧办公智能锁主要指玻璃门智能锁,除了基本的开门功能外,还支持与考勤系统关联,取代考勤机完成考勤功能。在工作场合、工作日时间段内,不需要锁上门,可以从外面直接开门。在下班时间或者私密时间,可以设置成正常锁门、指纹、卡片等模式。智慧办公智能锁实物如图 11.2.5 所示。

图 11.2.5   智慧办公智能锁实物图

11.2.6   共享单车智能锁

共享单车智能锁是目前最为常见的非建筑用安全智能锁,主要应用于共享单车的开锁、费用结算、车辆定位,极大地促进了共享单车这一新兴行业的发展,能够很好地解决单车的安全性,防止单车丢失等问题的出现。可以说,智能锁是真正可以实现共享单车的核心技术。共享单车智能锁实物如图 11.2.6 所示。

图 11.2.6 共享单车智能锁实物图

11.3 智能锁项目简介

11.3.1 智能锁项目基本需求

- 按键功能:输入密码,并能根据密码来决定开门还是进入管理员模式;
- 密码功能:能够更换开门密码/管理员密码,且具有掉电不丢失功能;
- 刷卡功能:能够判断卡片是否登记、刷卡开门、删除/登记开门卡片;
- 指纹功能:指纹开门、删除/登记指纹;
- 语音功能:播放不同功能的语言提示;
- 门铃功能:机械开关控制门铃响;
- 阿里云服务器接入:连接阿里云服务器,可以上报设备信息,也可以通过服务器端无线控制,如修改密码、恢复出厂设置、调节音量大小、远程开门等。

11.3.2 智能锁实验平台硬件设计框图

智能锁实验平台硬件设计框图,如图 11.3.1 所示。

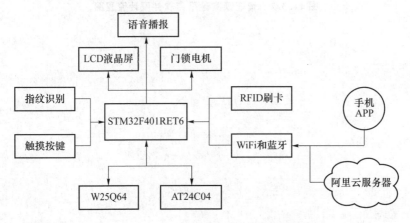

图 11.3.1 智能锁实验平台硬件设计框图

11.3.3 智能锁实验平台软件设计流程图

智能锁实验平台软件设计流程图,如图 11.3.2 所示。

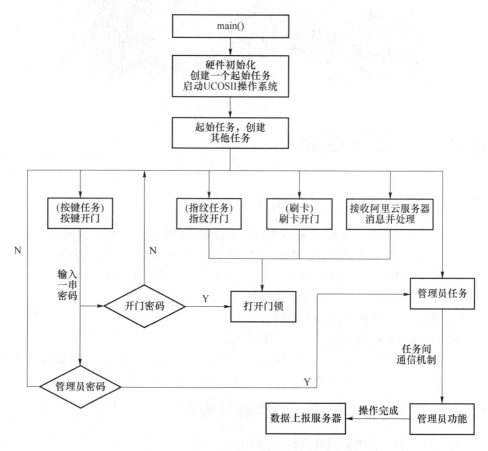

图 11.3.2 智能锁实验平台软件设计流程图

第 12 章

XYD 智能锁 V2.0 平台设备

12.1 XYD 实物图

XYD 智能锁实物如图 12.1.1 所示。

图 12.1.1 XYD 智能锁实物图

12.2 主要硬件简介

① 主控芯片：

型号：STM32F401RTE6；

核心：Cortex-M4；

主频：84 MHz；

内部 FLASH:512 KB;

引脚:64 个。

② EEPROM:

芯片信号:AT24C04A;

内部结构:AT24C04 芯片分为 2 个数据区,每个可存 256 B。

③ FLASH:

芯片信号:W25Q64;

内部结构: 64 Mbit/8 MB。

④ 触摸按键:

BS8116 电容触摸传感器控制芯片来管理数字密码键盘的操作,具有 12 个按键输入通道以及 1 个触摸感应中断输出,一旦有按键被按下,则中断引脚 IRQ 则输出低电平。BS8116 电容触摸传感器控制芯片采用 I^2C 总线方式进行数据读/写。

⑤ 5RFID 射频识别模块:

射频识别(Radio Frequency IDentification,RFID)技术,又称电子标签、无线射频识别,是一种通信技术,可通过无线电信号识别特定目标并读/写相关数据,而无需识别系统与特定目标之间建立机械或光学接触。常用的有低频(125 Hz~134.2 kHz)、高频(13.56 MHz)、超高频、无源等技术。RFID 读写器也分移动式的和固定式的,目前 RFID 技术应用很广,如图书馆、门禁系统、食品安全溯源等。

⑥ LCD 显示屏:

智能锁开发平台使用 1.3 英寸彩色 LCD 液晶屏,液晶屏分辨率为 240×240。LCD 液晶屏显示控制器型号为 ST7789VW。

⑦ 指纹模块:

信盈达智能锁开发平台项目采用 MG200 电容式指纹采集器。MG200 电容指纹识别模块使用电容指纹传感器,可完成指纹的采集、比对、储存以及相关的扩展功能。模块包含硬件和软件(核心算法及管理程序)两部分。

⑧ 语音芯片:

信盈达智能锁开发平台项目板载一个语音芯片和一个 8 Ω 1 W 的喇叭,可以通过语音芯片和喇叭来播放 40 段语音提示信息以及门铃音乐等。语音芯片内的语音数据出厂时已经固化,用户不能自行烧录改变。

⑨ ESP32-WiFi& 蓝牙双模模组:

ESP32 可作为独立系统运行应用程序或是主机 MCU 的从设备,通过 SPI/SDIO 或 I^2C/UART 接口提供 WiFi 和蓝牙功能。

⑩ 门锁电机。

第13章

智能锁操作说明

13.1 开机过程

手动输入需要连接的 WiFi 名称和 WiFi 密码。

输入 WiFi 名和密码界面如图 13.1.1 所示。

图 13.1.1 输入 WiFi 名称和密码界面

如果不输入,按两下确认键♯则跳过输入,此时会自动连接上次成功连接的 WiFi。

如果是首次使用,则默认连接的 WiFi 名称和 WiFi 密码分别为"XYD_LOCK""123456789"。

正在连接 WiFi 的界面如图 13.1.2 所示。

正在连接服务器的界面如图 13.1.3 所示。

开机完成的界面如图 13.1.4 所示。

图 13.1.2　正在连接 WiFi 界面

图 13.1.3　正在连接服务器界面

图 13.1.4　开机完成界面

13.2　正常模式

开机完成后,可以进行密码开门、指纹开门、刷卡开门,或者输入管理员密码进入管理员模式。

默认开门密码:888888。

默认管理员密码:123123。

当输入数字不足 6 位时,若等待 4 s 没有任何输入,则会自动清除原先所有的输入。当前设备状态可在服务器网页端查看。

13.3　管理员模式

当正确输入管理员密码后,即可进入管理员模式,如图 13.3.1 所示。

图 13.3.1　进入管理员模式

13.3.1　修改管理员密码

按下按键 1,按下按键♯,确定进入修改管理员密码界面,如图 13.3.2 所示。

成功修改后返回功能选择列表,此时可以从网页端查看到修改后的管理员密码。

13.3.2　设置开门密码

按下按键 2,按下按键♯,确定进入修改开门密码界面,如图 13.3.3 所示。

成功修改后返回功能选择列表,并且此时可以从网页端查看到修改后的开门密码。

图 13.3.2　确定进入修改管理员密码界面

图 13.3.3　确定进入修改开门密码界面

13.3.3　登记门卡

按下按键 3，按下按键 ♯，确定进入登记门卡界面。

把门卡放在读卡器上等待操作成功即可，完成后即可在网页端查看到登记的门卡卡号。

13.3.4　删除指定门卡

按下按键 4，按下按键 ♯，确定进入删除指定门卡界面，如图 13.3.4 所示。

把门卡放在读卡器上等待操作成功即可，完成后即可在网页端查看到删除的门卡卡号。

图 13.3.4　删除指定门卡界面

13.3.5　登记指纹

按下按键 5,按下按键♯,确定进入登记指纹界面,如图 13.3.5 所示。

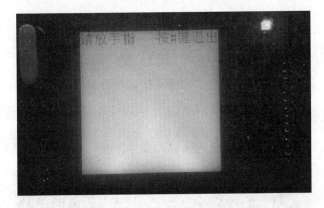

图 13.3.5　确定进入登记指纹界面

把手指放在指纹模块上,等待录入成功,如图 13.3.6 所示。

图 13.3.6　指纹录入成功界面

13.3.6　删除指定指纹

　　按下按键 6,按下按键♯,确定进入删除指定指纹界面,并且显示已经登记的指纹数量,如图 13.3.7 所示。

图 13.3.7　显示已经登记的指纹数量

13.3.7　删除所有指纹

　　按下按键 7,按下按键♯,确定并等待操作成功即可。

13.3.8　设置音量

　　按下按键 8,按下按键♯,确定进入修改音量界面,如图 13.3.8 所示。

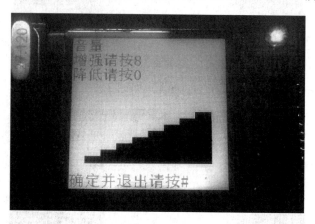

图 13.3.8　修改音量界面

按照提示修改音量后按下按键♯确定,可以从网页端查看到修改后的音量大小。

13.3.9　恢复出厂设置

　　按下按键 9,按下按键 ♯,确定并等待操作成功即可。设备状态恢复为出厂设置,开门密码恢复为 888888,管理员密码恢复为 123123,登记的门卡和指纹清空,音量大小恢复为 7。

13.4　服务器远程控制

13.4.1　远程修改开门密码

　　远程修改开门密码,如图 13.4.1 所示。

图 13.4.1　远程修改开门密码

13.4.2　远程修改管理员密码

　　远程修改管理员密码,如图 13.4.2 所示。

图 13.4.2　远程修改管理员密码

13.4.3　远程修改音量大小

远程修改音量大小，如图 13.4.3 所示。

图 13.4.3　远程修改音量大小

13.4.4 远程开门与关门

远程开门如图 13.4.4 所示。

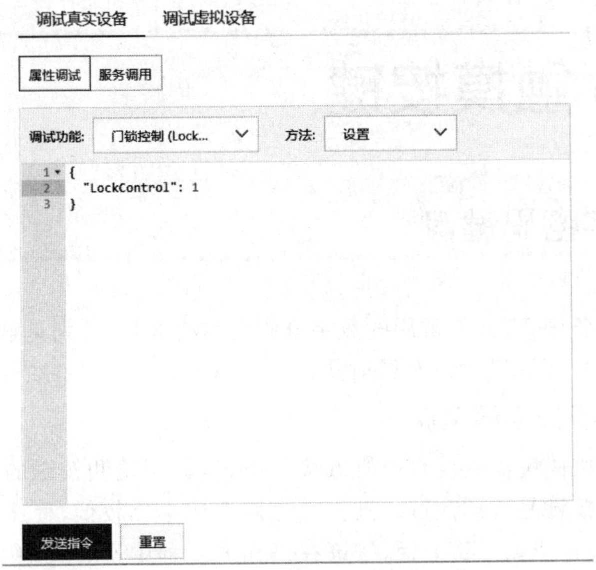

图 13.4.4 远程开门

远程关门如图 13.4.5 所示。

图 13.4.5 远程关门

第 14 章

BS8116 触摸按键

14.1 数字密码键盘

在嵌入式设备中,市面上常用的数字密码键盘有 3 种,分别是触点式机械密码键盘、无触点式 ADC 密码键盘以及镭射式密码键盘等。

1. 触点式机械密码键盘

触点式机械密码键盘主要是由机械按键组成,使用检测按键的电平状态变化来确定相应的键盘按键是否被执行。其优点是制造成本比较低,程序编写操作比较简单;缺点是由于按键机械弹簧原因,按键在操作的过程中常有误触发现象,并且需要使用较多的 I/O 端口资源。

2. 无触点式 ADC 密码键盘

无触点式 ADC 密码键盘又称为模/数按键,使用检测电压或电流变化来确定相应的键盘按键是否被执行。其优点是无触点式 ADC 密码键盘使用的 I/O 端口资源较少,并且 ADC 数字密码键盘使用的都是电容按键,所以在操作过程中不会有误触发现象;缺点是制作成本比较高,程序编写比较麻烦。

3. 镭射式密码键盘

雷射式密码键盘是一种输入装置,借由激光投射在平面上形成虚拟的键盘图形。当使用者碰触到平面的按键图形时,返回相对应的按键的按键值。

14.2 电容按键芯片

14.2.1 电容按键芯片概述

智能锁开发平台使用的是 BS8116 电容触摸传感器控制芯片来管理数字密码键盘的操作。BS81x 系列芯片具有 2～16 个触摸按键,可用来检测外部触摸按键上人手的触摸动作。该系列的芯片具有较高的集成度,仅需极少的外部组件便可实现触摸按键的检测。

BS8116 标准触控具有 I²C 接口,允许与外部设备进行 I²C 通信。外部设备通过 I²C 通信可以读取键值、设置按键感度、设置选项。

14.2.2 BS8116 引脚说明

BS8116 硬件原理图如图 14.2.1 所示。

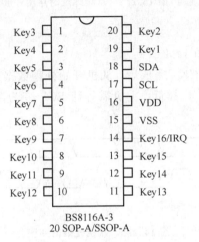

BS8116A-3
20 SOP-A/SSOP-A

图 14.2.1 BS8116 硬件原理图

BS8116 引脚说明如表 14.2.1 所列。

表 14.2.1 BS8116 引脚说明

引脚名称	输入/输出	说　明
Key1~Key16	输入	触摸按键输入口(未使用的触摸按键需接地)
IQR	输出	中断请求或唤醒功能,NMOS 输出(内建上拉)
SCL	输入/输出	I²C 时钟输入/输出
SDA	输入/输出	I²C 数据输入/输出
VSS	—	地
VDD	—	电源电压

14.2.3 BS8116 通信时序

1. 从机地址

从机地址时序图如图 14.2.2 所示。

起始条件(Start)后发送 7 bit 从机地址,BS81x-3 从机地址是 0x50。

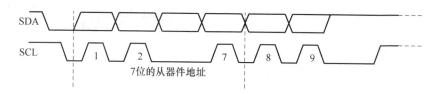

图 14.2.2　从机地址时序图

2. 从机忙碌

从机忙碌时序图如图 14.2.3 所示。

一笔数据（8 bit＋ACK）完成后，从机开始处理数据（从机忙碌），无法接收下一笔数据，此时从机将 SCL 拉低，主机需等待 SCL 变为高电平时才可以继续进行数据传送。

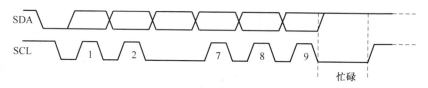

图 14.2.3　从机忙碌时序图

3. 主机读 BS81x-3

主机读 BS81x-3 时序图如图 14.2.4 所示。

图 14.2.4　主机读 BS81x-3 时序图

4. 主机写 BS81x-3

主机写 BS81x-3 时序图如图 14.2.5 所示。

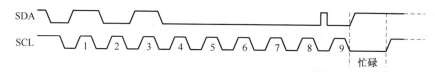

图 14.2.5　主机写 BS81x-3 时序图

5. 读按键输出寄存器

主机对 BS8116 读取按键输出的数据结构如下：

起始条件	器件从地址	写方向	等待应答	0x08	起始条件	器件从地址	读方向	读数据	等待应答	按键0标志位	等待应答	按键1标志位	无应答	停止条件

BS8116 触摸按键的输出寄存器,如表 14.2.2 所列。

表 14.2.2　BS8116 触摸按键输出寄存器

地址	名称	bit7	bit6	bit5	bit4	bit3	bit2	bit1	bit0	R/W
08h	KeyStatus0	Key8	Key7	Key6	Key5	Key4	Key3	Key1	Key1	R
09h	KeyStatus1	Key16(注)	Key15(注)	Key14(注)	Key13(注)	Key12	Key11	Key10	Key9	R

注:Key16~Key13 仅存在于 BS8116 芯片,0=松键,1=按键。

6. 写设置寄存器

主机对 BS8116A-3 写入设置时,必须从 0xB0 开始连续写入 22 个数据字节,最后字节是校验和。

写顺序如下:

起始条件	器件从地址	写方向	等待应答	0xB0	等待应答	第一个字节	等待应答	2 至 20 字节	等待应答	21 字节	校验和	无应答	停止条件

当设定被改变时,触控按键模块会被复位,约 0.5 s 后,按键模块才能正常动作。

7. 读取设置寄存器

主机对 BS8116A-3 读取 1 个设置字节,如下:

起始条件	器件从地址	写方向	等待应答	0xB0-0xC4	等待应答	起始条件	器件从地址	读方向	等待应答	读数据	无应答	停止条件

主机对 BS8116A-3 读取 n 个设置字节,如下:

起始条件	器件从地址	写方向	等待应答	0xB0-0xC4	等待应答	起始条件	器件从地址	读方向	等待应答	读多个数据并等待应答	无应答	停止条件

14.2.4　BS8116A-3 触摸按键的感度设置寄存器

BS8116A-3 触摸按键的感度设置寄存器如表 14.2.3 所列。

表 14.2.3　BS8116A-3 触摸按键的感度设置寄存器

地　址	名　　称	bit7	bit6	bit5	bit4	bit3	bit2	bit1	bit0	R/W
B0h	Option1	—							IRQ_OMS	R/W
B1h	Reserve	0x00								R/W
B2h	Reserve	0x83								R/W
B3h	Reserve	0xF3								R/W
B4h	Option2	1	LSC	0	1	1	0	0	0	R/W
B5h	K1_TH	K1WU	0	Key1 触发门坎值						R/W
B6h	K2_TH	K2WU	0	Key2 触发门坎值						R/W
B7h	K3_TH	K3WU	0	Key3 触发门坎值						R/W
B8h	K4_TH	K4WU	0	Key4 触发门坎值						R/W
B9h	K5_TH	K5WU	0	Key5 触发门坎值						R/W
BAh	K6_TH	K6WU	0	Key6 触发门坎值						R/W
BBh	K7_TH	K7WU	0	Key7 触发门坎值						R/W
BCh	K8_TH	K8WU	0	Key8 触发门坎值						R/W
BDh	K9_TH	K9WU	0	Key9 触发门坎值						R/W
BEh	K10_TH	K10WU	0	Key10 触发门坎值						R/W
BFh	K11_TH	K11WU	0	Key11 触发门坎值						R/W
C0h	K12_TH	K12WU	0	Key12 触发门坎值						R/W
C1h	K13_TH	K13WU	0	Key13 触发门坎值						R/W
C2h	K14_TH	K14WU	0	Key14 触发门坎值						R/W
C3h	K15_TH	K15WU	0	Key15 触发门坎值						R/W
C4h	K16_TH	K16WU	Mode	Key16 触发门坎值						R/W

14.2.5　KEY 数据结构

当 Clock 引脚接收到时钟信号时，触摸芯片将产生一个 16 位的数据字节，并从 Data 引脚移出。其中 Bit15～Bit12 产生校验和，用来表于被触摸按键的总数。例如校验和为"0010"，意味着有两个键被触摸，至于是哪个按键被触摸，可以查看 Bit11～Bit0 位状态。Bit11～Bit0 用于指示相应的触摸按键 Key12～Key1 是否被触摸。若为 0 则表明相应的按键被触摸，若为 1，则表明相应按键未被触摸。

Start bit：当按键状态改变时 ，由 Data 脚送出低电位,唤醒主机,主机读取键值。

Bit0：Key1 状态（0＝按键,1＝释放按键）

Bit1：Key2 状态（0＝按键,1＝释放按键）

Bit2：Key3 状态（0＝按键,1＝释放按键）

Bit3：Key4 状态（0＝按键，1＝释放按键）

Bit4：Key5 状态（0＝按键，1＝释放按键）

Bit5：Key6 状态（0＝按键，1＝释放按键）

Bit6：Key7 状态（0＝按键，1＝释放按键）

Bit7：Key8 状态（0＝按键，1＝释放按键）

Bit8：Key9 状态（0＝按键，1＝释放按键）

Bit9：Key10 状态（0＝按键，1＝释放按键）

Bit10：Key11 状态（0＝按键，1＝释放按键）

Bit11：Key12 状态（0＝按键，1＝释放按键）

Bit15～Bit12：核对总数——"0"的总数，即被触摸按键的总数。

14.2.6　IRQ 功能

1. 输入模式

IRQ_OMS ＝ 0（Level hold，低有效），主机在 IRQ 低电平时读取按键数据，当按键数据为 0 时停止读取。

2. 输出模式

IRQ_OMS ＝ 1（One-shot，低有效），按键状态发生改变时，发一个脉冲信号。

当不使用 IRQ 功能时，Key12（BS8112A-3）、Key16（BS8116A-3）是触摸按键，当主机读取所有按键为释放按键（KeyStatus＝0x00）后，主机可以降低读取速度，使功耗降低，降低读取速度时按键反应速度会变慢。

14.2.7　注意事项

- I^2C 数据传输率 100 Kb/s（Max）。
- 主机不可以在从机忙碌时发送时钟信号。
- 从机加入 I^2C 传输时间溢出检测。
- 主机读/写时需检测 SDA、SCL 信号是否为高电平，检测信号时加入传输时间溢出侦测，避免 I^2C 发生异常时影响主机执行效率与动作。
- 主机读/写时避免用 Output High 将信号设为高电平，可使用 Input 利用上拉电阻使信号为高电平。

14.3　电容按键芯片例程设计

14.3.1　电容按键芯片硬件原理分析

1. 电容按键芯片硬件结构原理图

电容按键芯片硬件结构原理图，如图 14.3.1 所示。

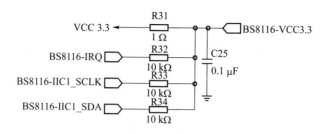

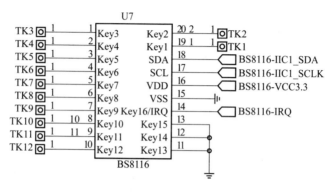

图 14.3.1　电容按键芯片原理图

2. 原理图分析

BS8116 存储芯片的 I^2C 通信接口引脚分别连接 MCU 的 PB6 和 PB7,IRQ 接口连接 MCU 的 PA1。芯片从机地址为"0x50",在 7 位的器件地址后加上 1 位读/写控制器,则芯片的控制字节为"0xB0(写操作)"和"0xB1(读操作)"。

14.3.2　软件设计核心代码

软件设计核心代码如下:

```
01    voidBS8116Init(void)
02    {
03        IIC1_Pin_Init();
04    }
05
06    uint8_tBS8116ReadKey(void)
07    {
08        uint8_t ack = 0;
09        uint16_t data = 0;
10
11        IIC1_Start();
12
```

```
13        ack = IIC1_Send_Byte(BS8116_ADDR_W);
14        if(ack)
15        {
16            IIC1_Stop( );
17            return 0xFF;
18        }
19        Delayus(2);              //一笔数据（8 bit + ACK）完成后,从机开始处理数据（从
                                   //机忙碌）,无法接收下一笔数据
20        while(!IIC1_SCL_IN) ; //此时从机将 SCL 拉低,主机需等待 SCL 变为高电平时才
                                 //可以继续进行数据传送
21
22        ack = IIC1_Send_Byte(0x08);
23        if(ack)
24        {
25            IIC1_Stop( );
26            return 0xFF;
27        }
28        Delayus(2);              //一笔数据（8 bit + ACK）完成后,从机开始处理数据（从
                                   //机忙碌）,无法接收下一笔数据
29        while(!IIC1_SCL_IN) ; //此时从机将 SCL 拉低,主机需等待 SCL 变为高电平时才
                                 //可以继续进行数据传送
30
31        IIC1_Start();
32        ack = IIC1_Send_Byte(BS8116_ADDR_R);
33        if(ack)
34        {
35            IIC1_Stop( );
36            return 0xFF;
37        }
38        Delayus(2);              //一笔数据（8 bit + ACK）完成后,从机开始处理数据（从
                                   //机忙碌）,无法接收下一笔数据
39        while(!IIC1_SCL_IN) ; //此时从机将 SCL 拉低,主机需等待 SCL 变为高电平时才
                                 //可以继续进行数据传送
40
41
42        data = IIC1_Revice_Byte(0);
43        data| = IIC1_Revice_Byte(1)<<8;
44        IIC1_Stop( );
45
46        //return data;
47        switch(data)
```

```
48              {
49                  case 0X8081:return    '1';break;
50                  case 0X8480:return    '2';break;
51                  case 0X8080:return    '3';break;
52                  case 0X8082:return    '4';break;
53                  case 0X8880:return    '5';break;
54                  case 0X80C0:return    '6';break;
55                  case 0X8088:return    '7';break;
56                  case 0X8180:return    '8';break;
57                  case 0X80A0:return    '9';break;
58                  case 0X8084:return    '*';break;
59                  case 0X8280:return    '0';break;
60                  case 0X8090:return    '#';break;
61              }
62          return 0;
63      }
```

14.4 总　结

本章主要介绍了 BSP8116 触摸按键的使用,通过分析其通信时序以及相关的硬件电路图,可以使用 BSP8116 触摸按键完成本章相应的功能,对这种触摸按键有一个最初的认识,也为后面开发整个项目奠定了一定的基础。

第15章

RFID 读/写卡

15.1 RFID 射频卡模块简介

15.1.1 RFID 介绍

RFID(Radio Frequency IDentification)称为射频设备计数或无线射频识别,属于通信方式的一种。可通过无线电信号识别特定目标并读/写相关数据,而无需识别系统与特定目标之间建立机械或光学接触。常用的有低频(125~134.2 kHz)、高频(13.56 MHz)、超高频和微波等技术。

一套完整的 RFID 系统,是由阅读器(Reader)与电子标签(TAG)也就是所谓的应答器(Transponder)及应用软件系统 3 个部分组成,其工作原理是阅读器发射一特定频率的无线电波能量给应答器,用以驱动应答器电路将内部的数据送出,此时阅读器便依序接收解读数据,送给应用程序做相应的处理。

15.1.2 RFID 射频卡模块的组成

RFID 射频卡模块主要由 RC522 模块和 S50 射频卡组成,而 RC522 模块起到一个发射指令和接收数据的作用,S50 射频卡相当于一个内存卡。RFID 射频卡模块的组成如图 15.1.1 所示。

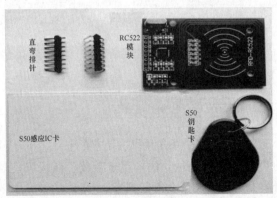

图 15.1.1 RFID 射频卡模块的组成

15.1.3　S50 射频卡介绍

1. S50 射频卡概述

RC522 自带的卡片是 NXP 出产的型号为 MIFARE-S50 属于 NFC 卡,这种类型的卡片工作频率仅限于 13.56 MHz,遵守 ISO14443A 协议,工作有效距离小于 10 cm。NFC 与现有非接触式智能卡兼容,故得到相当多的厂商支持,应用十分广泛。

2. S50 射频卡参数

① 其内置容量为 1 KB EEPROM,内部的存储区分成 16 个扇区(每个扇区 64 B),同时把每个扇区为 4 个块,每块 16 B。另外,S50 射频卡是以块为存取单位。

② 每个扇区都有独立的一组密码和访问控制。

③ 每张卡都有唯一序列号,为 32 位(4 B)。

④ 工作频率:13.56 MHz;通信速率:106 KB/s。

⑤ S50 射频卡的读/写距离为 10 cm 以内(与读写器有关)。

⑥ 数据保存期为 10 年,可改写 10 万次,读无限次。

3. S50 射频卡存储结构

① S50 卡分为 16 个扇区(扇区编号 0~15),每个扇区由 4 块(块编号为 0~3)组成(16 个扇区的 64 个块按绝对地址编号为 0~63),存储结构如图 15.1.2 所示。

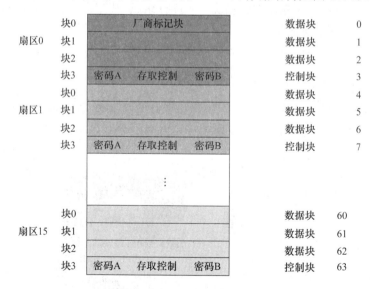

图 15.1.2　S50 卡存储结构

② 第 0 扇区的块 0(即绝对地址 0 块),用于存放厂商代码,已经固化,不可更改。

③ 第 1 扇区的第 1、2 块以及第 2 扇区到第 63 扇区的第 0、1、2 块为数据块,一般用于存储数据。数据块可以用于数据存储(可以进行读/写操作)以及用作对数据值

的增减读写操作。

④ 对数据块的操作分为读(读取一个块的数据)、写(写一个块的数据)、加(对数值进行加值)、减(对数据进行减值)、存储(将块中的内容存储到数据寄存器中)、传输(将数据寄存器的内容写入块中)以及中止(将卡置于暂停工作状态)。

⑤ 每个扇区的块 3 都为控制块,块 3 中的内容包括密码 A、存取控制和密码 B,如表 15.1.1 所列。

表 15.1.1　密码控制块

密码 A(6 B)	存取控制(4 B)	密码 B(6 B)
A0 A1 A2 A3 A4 A5	FF 07 80 69	B0 B1 B2 B3 B4 B5

15.2　RFID 射频卡模块的应用

15.2.1　RFID 射频卡模功能引脚

RFID 射频卡模功能引脚,如表 15.2.1 所列。

表 15.2.1　RFID 射频卡模功能引脚说明

引脚编号	引脚符号	引脚功能描述
1	SDA	I²C 通信串行数据输出引脚
2	SCK	串行时钟输入引脚
3	MOSI	SPI 通信串行数据输入引脚
4	MISO	SPI 通信串行数据输出引脚
5	IRQ	卡接触中断输出引脚,有效电平低电平
6、8	GND、VDD	模块工作电源负极和电源正极
7	RST	模块硬件复位引脚,有效电平低电平

15.2.2　RFID 射频卡通信

1. RFID 射频卡工作原理

S50 卡内置了几组线圈,读写器向卡发一组固定频率的电磁波,卡片内有一个 LC 串联谐振电路,其频率与读写器发射的频率相同,在电磁波的激励下,LC 谐振电路产生共振,从而使电容内有了电荷,在这个电容的另一端,接有一个单向导通的电子泵,将电容内的电荷送到另一个电容内储存,当所积累的电荷达到 2 V 时,此电容可作为电源为其他电路提供工作电压,将卡内数据发射出去或接取读写器的数据。

2. RFID 射频卡通信协议

RC522 模块提供了两种通信接口，分别是 I²C 串行通信、SPI 串行通信。数据传输顺序为先传高位，再传低位。在 I²C 串行通信模式下，支持快速模式(400 Kb/s)和高速模式(3 400 Kb/s)。在 SPI 串行通信模式下，最大的传输速度为 10 Mb/s，数据与时钟相位关系满足"空闲态时钟为低电平，在时钟上升沿同步接收和发送数据，在下降沿数据转换"的约束关系。

3. RFID 射频卡通信步骤

RFID 射频卡通信步骤，如图 15.2.1 所示。

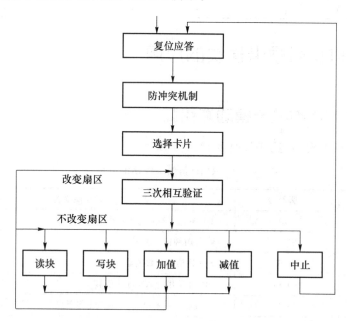

图 15.2.1　RFID 射频卡通信步骤

(1) 复位应答(Answer to Request)

M1 射频卡的通信协议和通信波特率是定义好的，当有卡片进入读写器的操作范围时，读写器以特定的协议与它通信，从而确定该卡是否为 M1 射频卡，即验证卡片的卡型。

(2) 防冲突机制(Anticollision Loop)

当有多张卡进入读写器操作范围时，防冲突机制会从其中选择一张进行操作，未选中的则处于空闲模式等待下一次选卡，该过程会返回被选卡的序列号。

(3) 选择卡片(Select Tag)

选择被选中的卡的序列号，并同时返回卡的容量代码。

（4）三次互相确认（3 Pass Authentication）

选定要处理的卡片之后，读写器就确定要访问的扇区号，并对该扇区密码进行密码校验，在三次相互认证之后就可以通过加密流进行通信。在选择另一扇区时，必须进行另一扇区的密码校验。

（5）对数据块的操作

① 读（Read）：读一个块。

② 写（Write）：写一个块。

③ 加（Increment）：对数值块进行加值。

④ 减（Decrement）：对数值块进行减值。

⑤ 存储（Restore）：将块中的内容存到数据寄存器中。

⑥ 传输（Transfer）：将数据寄存器中的内容写入块中。

⑦ 中止（Halt）：将卡置于暂停工作状态。

15.2.3 RFID 射频卡的应用

1. RFID 射频卡应用概述

RC522 模块内部十分复杂，总共拥有 60 多个寄存器，单纯靠个人实现 RC522 驱动就变得十分困难，为了降低开发难度以及减少开发时间，在项目开发的过程中一般都会使用 NXP 公司官方提供的 RC522 的库函数来对 RC522 模块进行研发。用户只需要实现选择的通信接口方式，然后调用 NXP 公司官方提供的库函数就可以实现 MCU 和 RC522 模块之间的通信了。RC522 是一个 RFID 读写器，主要就是进行读和写两个操作。

2. 写操作流程

写操作流程如图 15.2.2 所示。

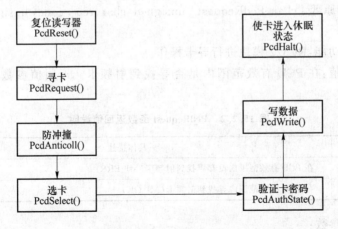

图 15.2.2　写操作流程

3．读操作流程

读操作流程如图 15.2.3 所示。

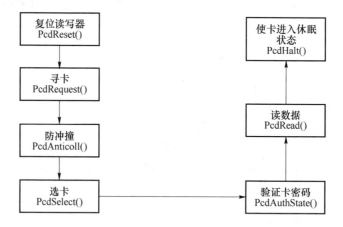

图 15.2.3　读操作流程

15.2.4　RC522 模块相关库函数

1. PcdReset 函数

① 函数原型：char PcdReset(void)。

② 函数功能：对 RC522 模块进行复位操作。

③ 返回值：无。

④ 函数参数：无。

2. PcdRequest 函数

① 函数原型：char PcdRequest (unsigned char req_code, unsigned char * pTagType)。

② 函数功能：RC522 模块进行寻卡操作。

③ 返回值：在 PCD 有效范围内是否寻找到射频卡。返回值参数如表 15.2.2 所列。

表 15.2.2　PcdRequest 函数返回值说明

返回值参数	具体描述
1	在 PCD 有效范围内没有寻找到射频卡(MI_ERR)
0	在 PCD 有效范围内寻找到射频卡(MI_OK)

④ 函数参数：

• req_code：设置 RC522 模块的寻卡方式。寻卡方式参数值如表 15.2.3 所列。

表 15.2.3　req_code 参数说明

req_code 参数	具体描述
0x26	寻天线区内未进入休眠状态的卡片。此参数连续读取天线范围内的卡(除非在某次读取完成后系统进入休眠状态)
0x52	寻感应区内所有符合 14443A 标准的卡。此参数读取完天线范围内的卡后会等待卡离开天线作用范围,直到再次进入

- ＊pTagType:此形参主要用于保存所寻到的射频卡的类型代码。射频卡类型参数如表 15.2.4 所列。

表 15.2.4　射频卡类型参数说明

射频卡类型代码	具体描述
0x4400	射频卡为 Mifare_UltraLight 类型卡片
0x0400	射频卡为 Mifare_One(S50) 类型卡片
0x0200	射频卡为 Mifare_One(S70) 类型卡片
0x0800	射频卡为 Mifare_Pro(X) 类型卡片
0x4403	射频卡为 Mifare_DESFire 类型卡片

3. PcdAnticoll 函数

① 函数原型:char PcdAnticoll(unsigned char ＊ pSnr)。

② 函数功能:对 RC522 模块进行防冲突操作(读写卡模块与一张 Mifare 卡建立联络,取得其全球唯一的序列号)。

③ 返回值:在 PCD 有效范围内是否寻找到射频卡。

④ 函数参数:＊ pSnr:此形参主要用于保存所寻到的射频卡 4 B 的卡片序列号。

4. PcdSelect 函数

① 函数原型:char PcdSelect(unsigned char ＊ pSnr)。

② 函数功能:对指定的序列号的 Mifare 卡进行选定通信。

③ 返回值:在 PCD 有效范围内是否寻找到射频卡。

④ 函数参数:＊ pSnr:具体通信的 Mifare 卡序列号(之前防冲撞操作中获得的 Mifare 卡序列号)。

5. PcdAuthState 函数

① 函数原型:char PcdAuthState(unsigned char auth_mode, unsigned char addr, unsigned char ＊ pKey, unsigned char ＊ pSnr)。

② 函数功能:验证通信的 Mifare 卡的密码。

③ 返回值:密码验证正确返回数字"0",密码验证错误返回数字"1"。

④ 函数参数:

- auth_mode:密码验证模式。密码验证模式参数如表 15.2.5 所列。

表 15.2.5　密码验证模式参数说明

auth_mode 参数	具体描述
0x60	验证密码 A 区域中的密码(空白卡的密码都是 0xff、0xff、0xff、0xff、0xff、0xff)
0x61	验证密码 B 区域中的密码(空白卡的密码都是 0xff、0xff、0xff、0xff、0xff、0xff)

- addr:需要验证密码的具体扇区中的控制块地址。
- *pKey:输入需要的验证密码值。
- *pSnr:具体通信的 Mifare 卡序列号(之前防冲撞操作中获得的 Mifare 卡序列号)。

6. PcdRead 函数

① 函数原型:char PcdRead(unsigned char addr,unsigned char *pData)。
② 函数功能:读取 Mifare 卡指定扇区中的数据。
③ 返回值:读取操作成功返回数字"0",读取操作失败返回数字"1"。
④ 函数参数:

- addr:需要读取数据的块地址,并且必须与前面验证密码的块地址必须是同一个扇区。
- *pData:此形参主要用于保存从 Mifare 卡的扇区中读出的 16 B 数据。

7. PcdWrite 函数

① 函数原型:char PcdWrite(unsigned char addr,unsigned char *pData)。
② 函数功能:对 Mifare 卡指定扇区写入数据。
③ 返回值:写入操作成功返回数字"0",写入操作失败返回数字"1"。
④ 函数参数:

- addr:需要写入的数据块地址,并且与前面验证密码的块地址必须是同一个扇区。
- *pData:具体需要写入的 16 B 数据参数。

15.3　RFID 射频卡硬件连接

15.3.1　硬件原理图

RFID 射频卡硬件原理图,如图 15.3.1 所示。

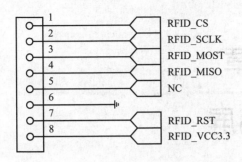

图 15.3.1　RFID 射频卡硬件原理图

15.3.2　原理图分析

RC522 模块通过标准的 SPI 通信接口与 MCU 进行数据传输,使用标准 SPI 通信协议对 RC522 进行操作,就可以完成对卡片的读/写操作。

15.4　总　　结

本章主要介绍了 RFID 读写卡的使用,通过分析其通信时序以及相关的硬件电路图,可以使用 RFID 读写卡实现本章相应的功能。目前这一类的 RFID 卡已广泛应用于我们的生活中,如门禁系统,所以学习和使用它可以帮助我们快速提高自己的能力,并且在整个智能锁项目中它也是十分重要的一个模块。读者可以结合本书对应的代码资料完成对卡片的读取和写操作。

第 16 章

LCD 液晶屏

16.1　LCD 液晶屏简介

16.1.1　常见显示设备

常见显示设备有：LED 灯、数码管、LCD 屏、LED 点阵和 OLED 屏，具体如下：
- LED 灯：显示简单，不能显示任何有效数据。
- 数码管：显示比较简单、成本低、显示的数据位不多；占用 I/O 口。
- LCD 屏：显示复杂，可以显示的数据种类多，成本比较高；显示多样化。
- LED 点阵：显示复杂，显示多元化，成本最高，功耗高；经得起日晒雨淋。
- OLED 屏：显示复杂，功耗低，成本高。

16.1.2　常见彩色液晶屏类型

超扭转式向列型（Super Twisted Nematic，STN）和薄膜式晶体管型（Thin Film Transistor，TFT）为目前的主流液晶屏。

16.1.3　LCD 显示系统

LCD 显示系统的构成分成 3 个部分：CPU、LCD 显示控制器和 LCD 屏。CPU 将要显示的数据通过地址总线和数据总线送给 LCD 显示控制器，LCD 显示控制器 经过一系列处理得到三基色数据，LCD 显示控制器将三基色数据送给 TFT-LCD 液晶屏显示。让 TFT-LCD 屏显示数据，其实就是操作 LCD 显示控制器。LCD 显示 控制器在不同的芯片中是不一样的，有的 CPU 自带 LCD 显示控制器 STM32F429， 有的 CPU 没有自带 LCD 显示控制器，外接 LCD 显示控制器。LCD 通信控制过程 如图 16.1.1 所示。

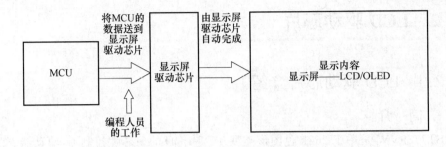

图 16.1.1　LCD 通信控制过程

16.1.4　常见的 LCD 类型

常见的 LCD 类型分为 STN 型、TFT 型、LTPS TFT 型和 OLED 型等。

① STN 型：超扭曲向列，最低端，功耗低；响应速度为 200 ms；场电压直接驱动型，显示速度慢。

② TFT 型：薄膜晶体管，响应速度为 80 ms，目前最主流的液晶显示类型；主动型液晶驱动，速度快。

③ LTPS TFT 型：低温多晶硅，响应速度为 12 ms，对比度：500：1；制造成本高。

④ OLED 型：有机发光二极管，色彩明亮，可视角度超大，超低功耗，是未来发展的主流类型。

16.1.5　LCD 的重要参数

1）帧：显示屏显示一幅完整的画面即为一帧。视频由一帧一帧连贯的画面组成，视频之所以看起来流畅是因为一帧切换到下一帧连贯的画面时间很短。

2）像素：由图像和元素两个字母组成，是构成数字图像的最小单位。若把数字图像放大数倍，就会发现数字图像其实是由许多色彩相近的小方格组成的，这些小方格就是像素。

3）分辨率：屏幕上能显示的像素点的个数。显示器分辨率是指显示器所能显示点数的多少，包括水平分辨率和垂直分辨率。对于 TFT-LCD 显示器来说，像素的数目和分辨率在数值上是相等的，都等于屏幕上横向和纵向点个数的乘积。

4）颜色位深：表示 RGB 颜色的二进制位数。

常见的颜色位深有 16BPP、24BPP。在 16BPP 级别下又分为 565、556、655 三种形式。如果想将 24BPP 转成 16BPP，那么需要将 24BPP 中的每个颜色的分量分出来，每个颜色占 8 位，将这 8 位数据中的高位取出来。例如：R 的数值为 147，转换为二进制是 1001 0011，那么将其转换为 16BPP(565) 的形式则为 10010。

16.2 LCD 驱动芯片

16.2.1 LCD 驱动芯片介绍

1. 简 介

ST7789VW 是用于 262k 色图形类型 TFT-LCD 的单芯片控制器/驱动器。它由 720 条源极线和 320 条栅极线驱动电路组成。该芯片能够直接连接到外部微处理器，并接受 8 位/ 9 位/ 16 位/ 18 位并行接口。显示数据可以存储在 240×320×18 位的片上显示数据 RAM 中。它可以在没有外部操作时钟的情况下执行显示数据 RAM 读/写操作，以最大程度地降低功耗。另外，由于集成电源电路需要驱动液晶，所以可以制造具有最少组件的显示系统。

2. 特 征

- 具有片上帧存储器（FM）的单芯片 TFT-LCD 控制器/驱动器。
- 显示分辨率：240×RGB(H)×320(V)。
- 帧存储器大小：240×320×18 位＝1 382 400 位。
- LCD 驱动器输出电路：
  - 源输出：240 个 RGB 通道；
  - 门输出：320 通道；
  - 共电极输出。
- 显示颜色（颜色模式）
  - 全彩：262k，RGB ＝(666)最大，空闲模式关闭；
  - 色彩减少：8 色，RGB ＝(111)，空闲模式开启。
- 各种显示数据输入格式的可编程像素颜色格式（色深）：
  - 12 位/像素：RGB ＝(444)；
  - 16 位/像素：RGB ＝(565)；
  - 18 位/像素：RGB ＝(666)。
- MCU 接口：
  - 并行 8080 系列 MCU 接口（8 位、9 位、16 位和 18 位）；
  - 6/16/18 RGB 接口（VSYNC、HSYNC、DOTCLK、ENABLE、DB [17:0]）；
  - 串行外围设备接口（SPI 接口）；
  - VSYNC 接口。
- 显示功能：
  - 可编程的部分显示职责；
  - CABC 节省电流消耗；
  - 颜色增强。

- 片上内置电路：
  - DC / DC 转换器；
  - 可调 VCOM 生成；
  - 非易失性(NV)存储器，用于存储初始寄存器设置和出厂默认值（模块 ID、模块版本等）；
  - 时序控制器；
  - 4 个预设 Gamma 曲线，具有单独的 RGB Gamma 设置。
- 用于 LCD 初始寄存器设置的内置 NV 存储器
  - 8 位用于 ID1 设置；
  - 8 位 ID2 设置；
  - 8 位 ID3 设置；
  - 6 位用于 VCOM 偏移调整。

3. 引脚介绍

引脚介绍如表 16.2.1 所列。

表 16.2.1　引脚介绍

名　称	描　述	连接到的引脚
VDD	模拟、数字系统和升压电路的电源	VDD
VDDI_LED	LED 驱动器的电源。如果不使用，请将此引脚接地	—
AGND	模拟系统和升压电路的系统接地	GND
DGND	系统接地 I/O 系统和数字系统	GND
VDDI	I/O 系统电源	VDDI

4. 接口模式选择

接口模式选择如表 16.2.2 所列。

表 16.2.2　接口模式选择

IM3	IM2	IM1	IM0	接口模式	数据引脚
0	0	0	0	80～8 位并行 I/F	DB[7:0]
0	0	0	1	80～16 位并行 I/F	DB[15:0]
0	0	1	0	80～9 位并行 I/F	DB[8:0]
0	0	1	1	80～18 位并行 I/F	DB[17:0]
0	1	0	1	3 线 9 位串行 I/F	SDA 输入或输出引脚
				2 线串行 I/F	SDA 输入或输出引脚 WPX：输入
0	1	1	0	4 线 8 位串行 I/F	SDA 输入或输出引脚
1	0	0	0	80～16 位并行 I/F II	DB[17:0] DB[8:1]

IM3	IM2	IM1	IM0	接口模式	数据引脚
1	0	0	1	80～8 位并行 I/F II	DB[17:10]
1	0	1	0	80～18 位并行 I/F II	DB[17:0]
1	0	1	1	80～9 位并行 I/F II	DB[17:9]
1	1	0	1	3 线 9 位串行 I/F II	SDA 输入 SDO 输出
1	1	1	0	4 线 8 位串行 I/F II	SDA 输入 SDO 输出

16.2.2 LCD 驱动芯片时序

LCD 驱动芯片时序决定如何将数据写入 LCD 驱动芯片中,掌握驱动时序就能够将数据写入 LCD 显示屏上并显示。在驱动芯片引脚介绍中介绍到,IM[3:0]决定了驱动 LCD 驱动芯片方式,需要查看开发板原理图找到对应的配置,找到对应的时序,并且写出驱动程序。

① 开发板上配置的 LCD 驱动芯片方式如图 16.2.1 所示。

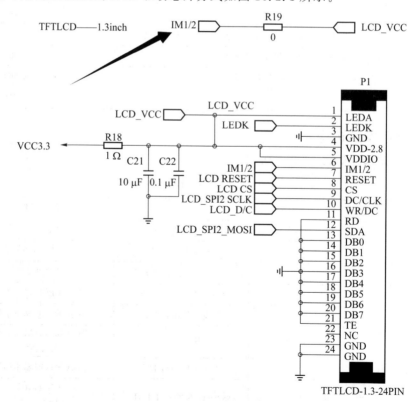

图 16.2.1 LCD 驱动芯片方式

当前选择的是 4 线 SPI 总线通信。

② LCD 驱动芯片时序如图 16.2.2 所示。

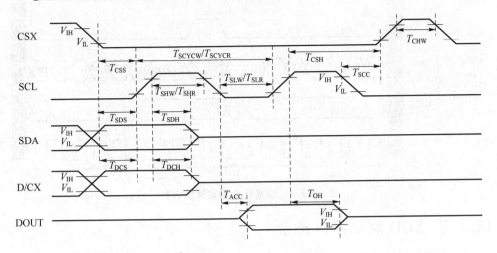

图 16.2.2　LCD 驱动芯片时序

接口的写入模式意味着微控制器将命令和数据写入 LCD 驱动器。3 行串行数据包包含一个控制位 D/CX 和一个传输字节。在 4 线串行接口中,数据包仅包含传输字节,控制位 D/CX 由 D/CX 引脚传输。如果 D/CX 为"低",则将发送字节解释为命令字节,如果 D/CX 为"高",则发送字节存储在显示数据 RAM(存储器写命令)或命令寄存器中作为参数。

任何指令都可以以任何顺序发送给驱动程序。首先发送 MSB。当 CSX 为高电平时,将初始化串行接口。在这种状态下,SCL 时钟脉冲或 SDA 数据无效。CSX 的下降沿使能串行接口,并指示数据传输开始。

当 CSX 为高电平时,将忽略 SCL 时钟。在 CSX 的高电平期间,串行接口被初始化。在 CSX 的下降沿,SCL 可为高或低。SDA 在 SCL 的上升沿采样。D/CX 指示字节是命令(D/CX=0)还是参数/RAM 数据(D/CX=1)。D/CX 在 SCL(3 线串行接口)的第 1 个上升沿或 SCL(4 线串行接口)的第 8 个上升沿时采样。如果在命令/数据字节的最后一位之后 CSX 保持低电平,则串行接口将在 SCL 的下一个上升沿期待下一个字节的 D/CX 位(3 行串行接口)或 D7(4 行串行接口),写保护机制如图 16.2.3 所示。

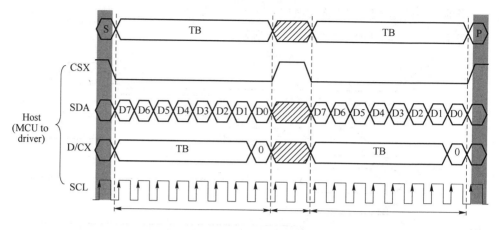

图 16.2.3　线串行总线写保护机制

16.2.3　LCD 驱动芯片命令

① 颜色设置命令如图 16.2.4 所示。

图 16.2.4　颜色设置命令

② 关闭/开启显示命令：关闭(28h)；开启(29h)。

③ 列地址设置命令(2Ah)。

④ 行地址设置命令(2Bh)。

⑤ 写数据命令(2Ch)。

⑥ 内存数据写入显示屏方式控制(36h)。

16.3 LCD 屏显示文字

16.3.1 显示文字原理

LCD 显示文字原理如图 16.3.1 所示。

显示文字:判断哪些点需要显示字体颜色,哪些点需要显示背景颜色。

确定后给相应的点的颜色数据,字就可以显示出来。

由点构成分为两种情况,需要显示字体颜色的点以及显示背景颜色的点。

利用取模软件判断哪些是要显示的字体颜色,哪些不需要显示字体颜色。

图 16.3.1 LCD 屏显示文字原理

16.3.2 取模工具使用

① 双击运行取模工具,字模提取 PCtoLCD2002.exe。

② 取模软件工具介绍如图 16.3.2 所示。

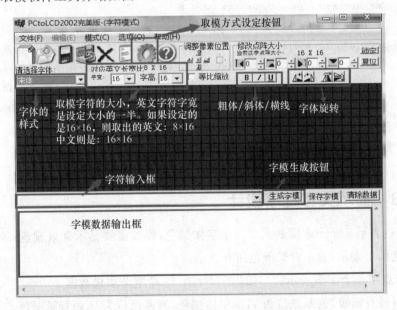

图 16.3.2 取模软件工具介绍

③ 取模工具配置如图 16.3.3 所示。

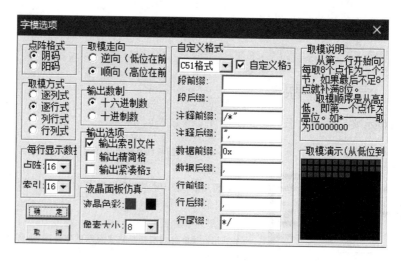

图 16.3.3　取模工具配置

④ 取模数据如图 16.3.4 所示。

0x00,0x00,0x00,0x00,0x00,0x00,0x00,0x00,0x00,0x00,0x00,0xF0,0x06,0x7F,0x38,0x02,

0x40,0x20,0x00,0xC1,0x00,0x00,0xD8,0xC0,0x00,0x10,0x40,0x38,0x26,0x00,0x18,0x46,

0x00,0x00,0x02,0xE0,0x00,0x1F,0x80,0x02,0x66,0x00,0x04,0x0B,0x00,0x04,0x1A,0x80,

0x0C,0x12,0xC0,0x18,0x26,0x70,0x18,0xC6,0x3C,0x09,0x06,0x00,0x00,0x04,0x00,0x00,

0x04,0x00,0x00,0x00,0x00,0x00,0x00,0x00,/ * "深",0 * /

0x00,0x00,0x00,0x00,0x00,0x00,0x00,0x00,0x30,0x00,0x00,0x18,0x06,0x00,0x10,0x02,

0x00,0x10,0x02,0x00,0x10,0x02,0x19,0x10,0x02,0x19,0x10,0x02,0x19,0x10,0x07,0x99,

0x10,0x02,0x19,0x10,0x02,0x19,0x10,0x02,0x59,0x10,0x03,0x99,0x10,0x06,0x11,0x10,

0x38,0x11,0x10,0x10,0x11,0x10,0x00,0x20,0x10,0x00,0x40,0x10,0x00,0x00,0x10,0x00,

0x00,0x10,0x00,0x00,0x10,0x00,0x00,0x00,/ * "圳",1 * /

图 16.3.4　取模数据示例

16.3.3　显示文字程序设计

0xxx:表示 8 个点中哪些需要显示字体颜色,哪些需要显示背景颜色;需要显示字体颜色用 1 表示,显示背景颜色用 0 表示。

8 个点用一个字节表示,24×24 的汉字有 72 个字节取模数据。

利用画点函数,判断该位为 1,画字体颜色,判断该位为 0,画背景颜色。

显示汉字,一行一行显示,一个 24×24 的汉字一行数据需要 3 个字节取模数据。

显示英文字符,英文字符的特点是只占一个字节空间——英文字符的数值需要和 ASCII 表相对应。

16.4 LCD 屏显示图片

16.4.1 显示图片原理

显示图片需要将图片的每个像素点的颜色数据取出来,送给 LCD 液晶屏,这时就可以将图片显示在 LCD 液晶屏上。

取出图片每个像素点的颜色数据需要一个图片取模软件将数据取出来。

16.4.2 取模工具使用

① 双击运行取模工具 Img2Lcd.exe,打开后的界面如图 16.4.1 所示。

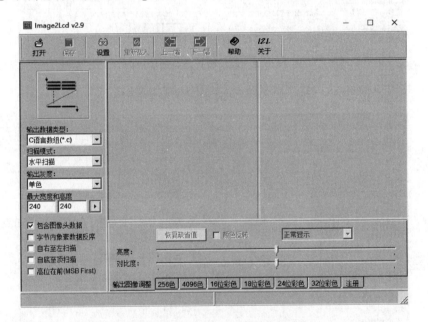

图 16.4.1 打开 Img2Lcd.exe 后的界面

② 取模软件工具介绍,相关功能说明如图 16.4.2 所示。

图 16.4.2　取模软件相关功能说明

③ 打开一张图片,设置好取模方式,如图 16.4.3 所示。

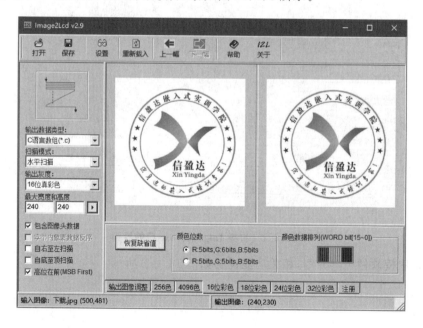

图 16.4.3　载入图片后的相关设置

④ 保存图片取模数据,单击"保存"按钮即可。取模所得数据如图 16.4.4 所示。

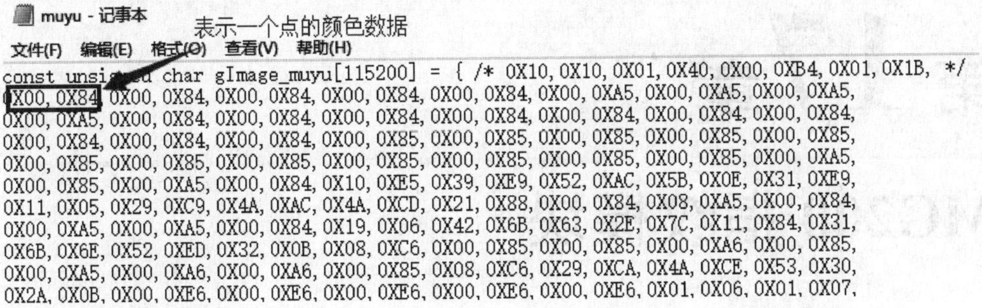

表示一个点的颜色数据

```
muyu - 记事本
文件(F)  编辑(E)  格式(O)  查看(V)  帮助(H)
const unsigned char gImage_muyu[115200] = { /* 0X10, 0X10, 0X01, 0X40, 0X00, 0XB4, 0X01, 0X1B, */
0X00, 0X84, 0X00, 0X84, 0X00, 0X84, 0X00, 0X84, 0X00, 0X84, 0X00, 0XA5, 0X00, 0XA5, 0X00, 0XA5,
0X00, 0XA5, 0X00, 0X84, 0X00, 0X84, 0X00, 0X84, 0X00, 0X84, 0X00, 0X84, 0X00, 0X84, 0X00, 0X84,
0X00, 0X84, 0X00, 0X84, 0X00, 0X84, 0X00, 0X85, 0X00, 0X85, 0X00, 0X85, 0X00, 0X85, 0X00, 0X85,
0X00, 0X85, 0X00, 0X85, 0X00, 0X85, 0X00, 0X85, 0X00, 0X85, 0X00, 0X85, 0X00, 0X85, 0X00, 0XA5,
0X00, 0X85, 0X00, 0XA5, 0X00, 0X84, 0X10, 0XE5, 0X39, 0XE9, 0X52, 0XAC, 0X5B, 0X0E, 0X31, 0XE9,
0X11, 0X05, 0X29, 0XC9, 0X4A, 0XAC, 0X4A, 0XCD, 0X21, 0X88, 0X00, 0X84, 0X00, 0XA5, 0X00, 0X84,
0X00, 0XA5, 0X00, 0X84, 0X00, 0X84, 0X00, 0X19, 0X06, 0X42, 0X6B, 0X63, 0X2E, 0X7C, 0X11, 0X84, 0X31,
0X6B, 0X6E, 0X52, 0XED, 0X32, 0X0B, 0X08, 0XC6, 0X00, 0X85, 0X00, 0X85, 0X00, 0XA6, 0X00, 0X85,
0X00, 0XA5, 0X00, 0XA6, 0X00, 0XA6, 0X00, 0X85, 0X08, 0XC6, 0X29, 0XCA, 0X4A, 0XCE, 0X53, 0X30,
0X2A, 0X0B, 0X00, 0XE6, 0X00, 0XE6, 0X00, 0XE6, 0X00, 0XE6, 0X00, 0XE6, 0X01, 0X06, 0X01, 0X07,
```

图 16.4.4 取模所得数据示例

16.5 总 结

　　本章主要介绍了 LCD 液晶屏的使用，对于日常显示设备而言这是十分通用的一款显示设备。结合取模工具，我们可以把对应的数据放到代码里，从而实现在 LCD 屏上显示对的文字和图像信息。读者可以结合本书对应的代码资料完成显示操作。

第 17 章

MG200 指纹模块

17.1 指纹采集器

17.1.1 MG200 指纹采集器介绍

指纹模块分为光学式和电容式,智能锁开发平台项目采用 MG200 电容式指纹采集器。MG200 电容指纹识别模块使用电容指纹传感器,可完成指纹的采集、比对、储存以及相关的扩展功能。模块包含硬件和软件(核心算法及管理程序)两部分。

MG200 电容指纹识别模块的管理程序,通过 TTL 电平的 RS232 串行总线接口与主控单元 MCU(或上位机)连接,采集器接收来自主控单元 MCU(或上位机)的指令,并执行该指令对应的操作,操作完成后再将执行结果通过 RS232 接口返回给主控单元 MCU(或上位机);从而实现指纹处理模块的管理平台。管理程序的通信接口由若干指令组合而成,模块的每个功能由主控单元 MCU(或上位机)发送独立的指令来执行,执行状态通过串口反馈给主控单元 MCU 进行逻辑交互。通过合理的组合使用接口指令,可以适用于指纹识别的各种应用场景,如何实现功能逻辑则完全由主控单元 MCU(或上位机)决定。

17.1.2 MG200 指纹采集器工作流程

MG200 指纹采集器工作流程,如图 17.1.1 所示。

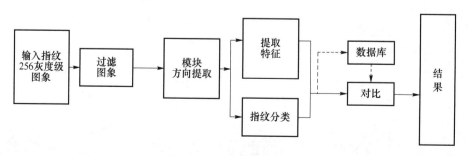

图 17.1.1　指纹采集器工作流程

① MCU 主控单元向指纹识别模块发送指纹采集及特征量提取的指令。

② 指纹模块接收到该指令后,通过指纹传感器采集指纹并对图像质量进行判断。

③ 若指纹图像不正常(图像质量差)时,模块将评价结果发送给 MCU 主控单元。

④ 若指纹图像正常时,模块对图像进行特征点提取,并将比对成功与否的结果发送至 MCU 主控单元。

17.2 指纹采集器的应用

17.2.1 指纹采集器引脚功能

指纹采集器引脚功能,如图 17.2.1 所示。

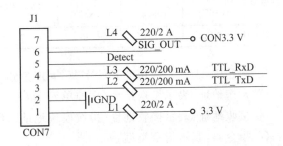

图 17.2.1 指纹采集器引脚

指纹采集器引脚功能如表 17.2.1 所列。

表 17.2.1 指纹采集器引脚功能说明

指纹采集器引脚编号	指纹采集器引脚功能
1	指纹采集器触控电路电源正极,工作电压 3.3 V
2	指纹采集器公共电源负极
3	指纹采集器数据发送引脚(TXD)
4	指纹采集器数据接收引脚(RXD)
5	指纹采集器感应上电信号,手指触摸指纹传感器时输出高电平
6	备用 I/O 端口
7	指纹采集器模块电源正极,工作电压 3.3 V

17.2.2 指纹采集器通信

1. 指纹采集器通信参数设置

UART 通信中的参数设置如下：

① 波特率(Baud rate)：115 200 bps(默认,可通过指令更改)；

② 奇偶校验(Parity)：None；

③ 停止位(Stop Bit)：1 bit；

④ 数据位长度(Data Bit)：8 bit。

2. 指纹采集器通信包数据接口

(1) 发送包数据结构

发送包的数据结构(主控 MCU⇨指纹模块),数据包共 7 B,如表 17.2.2 所列。

表 17.2.2 发送包数据结构

数据结构	起始码 (0x6C)	发送地址 (0x63)	接收地址 (0x62)	指令码	参 数	预 留	校验和
字节数	1 B	1 B	1 B	1 B	1 B	1 B	1 B

① 起始码：表示发送包的开始字节,固定为 6Ch。

② 发送地址：表示发送地址(主控单元 MCU 地址),参数为 63h。

③ 接收地址：表示接收地址(指纹模块地址),参数为 62h。

④ 指令码：表示指令类型。

⑤ 参数：按照指令码的不同,可能存在的参数(数据)。

⑥ 预留：预留字节,后续扩展使用,目前未使用,默认为 00h。

⑦ 校验和：为了确认发送数据包的正确性而设,是除起始码之外的所有字节按照 8 bit 单位相加的结果(溢出部分将被无视)。

(2) 接收包数据结构

接收包的数据结构(主控 MCU⇨指纹模块),数据包共 8 B,如表 17.2.3 所列。

表 17.2.3 接收包数据结构

数据结构	起始码 (0x6C)	发送地址 (0x62)	接收地址 (0x63)	应答码	返回值	参 数	预 留	校验和
字节数	1 B	1 B	1 B	1 B	1 B	1 B	1 B	1 B

① 起始码：表示接收包的开始,固定为 6Ch。

② 发送地址：发送地址参数为 62h。

③ 接收地址：接收地址参数为 63h。

④ 应答码:对指令码的应答。

⑤ 返回值:表示对主控单元 MCU 发送指令的处理结果。

⑥ 参数:按照指令码的不同,可能存在的参数(数据)。

⑦ 预留:预留字节,后续扩展使用,目前未使用,默认为 00h。

⑧ 校验和:为了确认接收数据包的正确性而设,是除去起始码之外的所有字节按照 8 bit 单位相加的结果(溢出部分将被无视)。

3. 指纹采集器指令通信集

(1)指令目录(主控单元 MCU 发送至指纹模块)

指纹采集器功能指令如表 17.2.4 所列。

表 17.2.4　指纹采集器功能指令

编　号	指令名称	指令码	指令功能
1	ReqCaptureAndExtract	51h	抓取指纹图像并同时提取特征量
2	ReqEnroll	7Fh	注册新指纹用户
3	ReqMatch1N	71h	集指纹进行 1:N 比对
4	ReqEraseOne	73h	删除指定 ID 用户
5	ReqEraseAll	54h	删除所有用户
6	ReqGetUserNum	55h	获取已经注册的用户数量
7	ReqGetIDAvailability	74h	查询所有指纹 ID 注册的状态(指纹模块默认可用 100 个 ID)
8	ReqChangeBaudRate	7Eh	修改指纹模块的波特率
9	ReqCapture	10h	抓取指纹图像(用户可选择是否单独使用此指令)
10	ReqExtract	11h	提取指纹图像的特征量
11	ReqGetSecurityLevel	56h	获得当前指纹识别安全等级
12	ReqSetSecurityLevel	57h	设置指纹识别的安全等

(2)应答目录(指纹模块发送至 MCU 主控单元)

指纹采集器应答指令如表 17.2.5 所列。

表 17.2.5　指纹采集器应答指令

编　号	指令名称	指令码	指令功能
1	AckCaptureAndExtract	51h	返回抓取指纹图像并同时提取特征
2	AckEnroll	7Fh	返回注册新用户的结果
3	AckMatch1N	71h	返回采集指纹进行 1:N 比对的结果

编　号	指令名称	指令码	指令功能
4	AckEraseOne	73h	返回删除指定 ID 用户的结果
5	AckEraseAll	54h	返回删除所有用户的结果
6	AckGetUserNum	55h	返回已经注册的用户数量
7	AckGetIDAvailability	74h	返回所有 ID 是否注册的状态(模块默认可用 100 个 ID)
8	AckChangeBaudRate	7Eh	返回修改波特率的结果
9	AckCapture	10h	返回抓取指纹图像的结果
10	AckExtract	11h	返回提取指纹图像特征量的结果
11	AckGetSecurityLevel	56h	返回当前指纹识别安全等级的结果
12	AckSetSecurityLevel	57h	返回指纹识别的安全等级设置成功的结果

（3）常见的错误返回值

错误返回值如表 17.2.6 所列。

表 17.2.6　错误返回值说明

编　号	错误指令码	指令码功能
1	80h	指纹模块接收到无效命令
2	81h	指纹模块接收到错误校验和
3	82h	指纹模块接收到无效参数
4	83h	指纹模块遇到内存错误

4. 通信指令具体说明

MG200 指令采集器的通信指令具体使用说明参考(MG200, MG300 & MG350)串口通信协议_V2.6 - 2017 - 07 - 11 (指纹系统应用). pdfS 文档。

17.3　指纹采集器硬件结构

17.3.1　硬件原理图

指纹采集器硬件原理图如图 17.3.1 所示。

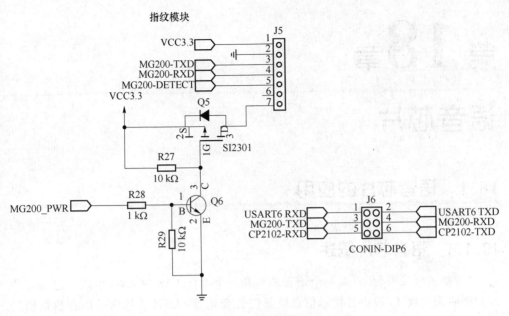

图 17.3.1 指纹采集器硬件原理图

17.3.2 原理图分析

人们通过拨动拨码开关来完成选择 MG200 指纹采集器和 GP2102 通信还是和 USART_6 模块通信。CP2102 是 1 个 USB 转换串口芯片,只需要使用 USB 线连接上计算机,并且计算机上安装了 CP2102 芯片的硬件驱动程序,计算机就会生成 1 个 COM 口,通过使用串口调试软件打开该 COM 口,就能实现指纹采集器和计算机之间的通信。

17.4 总 结

本章主要介绍了指纹采集器的应用以及各个引脚的功能,当将相关的设置配置好后(详情见本书配套代码资料),就可以完成对指纹采集的使用。

第**18**章

语音芯片

18.1　语音芯片的应用

18.1.1　语音芯片概述

"智能锁开发平台"板载一个语音芯片和一个 8 Ω、1 W 的喇叭,可以通过语音芯片和喇叭来播放 40 段语音提示信息以及门铃音乐等。语音芯片内的语音数据出厂时已经固化,用户不能自行烧录改变。

18.1.2　语音芯片的功能引脚

语音芯片的功能引脚如图 18.1.1 所示。

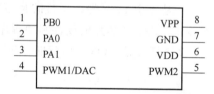

图 18.1.1　语音芯片的功能引脚

语音芯片功能引脚说明如表 18.1.1 所列。

表 18.1.1　语音芯片功能引脚说明

引脚编号	引脚名称	功能引脚说明
1	PB0	语音芯片忙碌状态引脚,目前有声音时输出高电平,无声音输出低电平
2	PA0	语音芯片测试引脚
3	PA1	语音芯片内部语音编号数据输入引脚
4、5	PWM1/PWM2	语音输出引脚
6、7	VDD、GND	芯片工作电源正极和负极
8	VPP	空引脚

18.1.3 语音芯片通信时序图

语音芯片通信时序图,如图 18.1.2 所示。

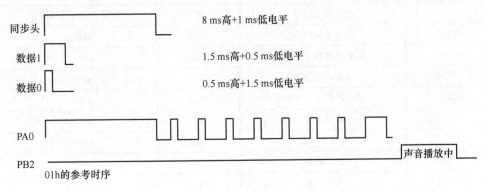

图 18.1.2 语音芯片通信时序图

① 语音芯片内部语音编号数据输入引脚的空闲状态为"低电平"状态。

② 在每发一个语音编号数据信号前必须要有一个同步头,同步头格式为"8 ms 的高电平+1 ms 的低电平"。

③ "1.5 ms 的高电平+0.5 ms 的低电平"表示数据"1","0.5 ms 的高电平+1.5 ms 的低电平"表示数据"0"。

④ 数据传输顺序:先发送数据的最高位 Bit7,再发送 $N-1$ 位,最后发送数据的最低位 Bit0。

18.1.4 语音芯片语音编号

语音编号如表 18.1.2 所列。

表 18.1.2 语音编号

协议码	内 容	协议码	内 容
0X00	静音	0X14	卡重复
0X01	修改管理员密码	0X15	是否删除
0X02	设置开门密码	0X16	请放手指
0X03	登记指纹	0X17	指纹重复
0X04	登记卡片	0X18	欢迎回家
0X05	修改时间	0X19	开门失败
0X06	删除所有指纹	0X1a	蓝牙连接成功
0X07	删除指定指纹	0X1b	按 ♯ 号确认,按 ﹡ 号退出
0X08	恢复出厂设置	0X1c	请重新设置

续表 18.1.2

协议码	内　容	协议码	内　容
0X09	设置音量	0X1d	嘟
0X0a	删除所有门卡	0X1e	叮咚,叮咚(门铃声)
0X0b	删除指定门卡	0X1f	报警声
0X0c	请输入管理员密码	0X20	vol＝15
0X0d	请输入新密码	0X21	vol＝11
0X0e	请再次输入新密码	0X22	vol＝9
0X0f	验证失败	0X23	vol＝6
0X10	密码不一致	0X24	vol＝4
0X11	操作成功	0X25	vol＝2
0X12	密码重复	0X26	vol＝1
0X13	请放置卡片	0X27	vol＝0

18.2　语音芯片硬件结构

18.2.1　硬件结构原理图

语音芯片硬件结构原理图,如图 18.2.1 所示。

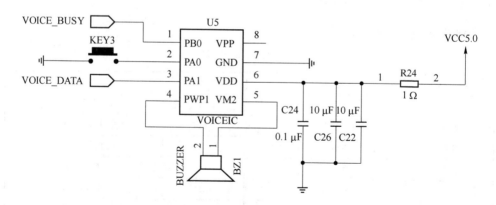

图 18.2.1　语音芯片硬件结构原理图

18.2.2　硬件结构原理图分析

语音芯片的语音芯片测试引脚(PA0)通过一个按键和地连接,每按下一次按键,就会自动切换播放芯片内部下一条语音。语音芯片忙碌状态引脚（PB0）连接到 MCU 的 PC4 引脚，"语音输入引脚（PA1）"连接到 MCU 的 PC5 引脚，只有在语音输入引脚（PA1）按语音芯片的通信时序发送表 18.1.2 中对应的编号指令就可以播放相应的语音了。

18.3　总　结

本章主要介绍了语音模块的使用，读者按照上述的时序图以及参考本书配套的相关代码即可完成相应的设置，当发送不同的语音指令时即可听到相应的语音播报信息。重点理解图 18.1.2 所示的时序图，这是编写语音模块代码的关键。

第**19**章

创建阿里云产品和设备

19.1 创建产品

使用物联网平台的第一步是在控制台创建产品。产品是设备的集合，通常是一组具有相同功能定义的设备集合。例如：产品是指同一个型号的产品，设备就是该型号下的某个设备。

步骤一：登录物联网平台设备。

① 用浏览器打开阿里云首页，链接为 https://www.aliyun.com/? spm = a2c44.11131515.0.0.d041525c7Yb3uA，并单击右上方控制台打开网页。

② 登录，使用自己的淘宝账号登录即可。

③ 开通物联网平台并单击，如图 19.1.1 所示。

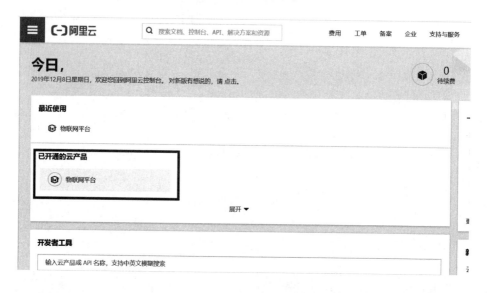

图 19.1.1 开通物联网平台

步骤二：在左侧导航栏，选择设备管理＞产品，单击创建产品。

步骤三:根据页面提示输入产品信息(见图19.1.2),然后单击"保存"按钮。

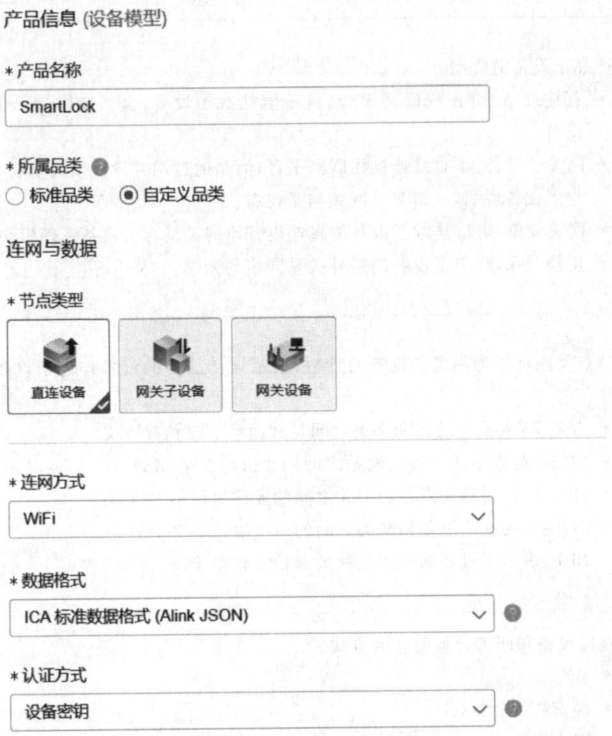

产品信息 (设备模型)

* 产品名称

SmartLock

* 所属品类 ❓
○ 标准品类　　◉ 自定义品类

连网与数据

* 节点类型

直连设备	网关子设备	网关设备

* 连网方式

WiFi

* 数据格式

ICA标准数据格式 (Alink JSON) ❓

* 认证方式

设备密钥 ❓

图 19.1.2　输入相关信息

页面参数设置如表 19.1.1 所列。

表 19.1.1　页面参数设置说明

参　数	描　述
产品名称	为产品命名。产品名称在账号内具有唯一性。例如,可以填写为产品型号。支持中文、英文字母、数字、下划线(_)、连接号(—)、@符号和英文圆括号,长度限制为 4～30,一个中文汉字算 2 位
所属品类	相当于产品模板。 标准品类:物联网平台已为标准品类预定义了功能模板。例如,能源管理＞电表品类已预定义用电量、电压、电流、总累积量等电表标准功能。选择该品类,创建的产品具有预定义的功能。可以在该产品的产品详情页功能定义页签下,编辑、修改、新增功能。 自定义品类:产品创建成功后,需根据实际需要,自定义物模型

续表 19. 1. 1

参　数	描　述
节点类型	产品下设备的类型。 • 直连设备:直连物联网平台,且不能挂载子设备,也不能作为子设备挂载到网关下的设备。 • 网关子设备:不直接连接物联网平台,而是通过网关设备接入物联网平台的设备。网关与子设备说明,请参见网关与子设备。 • 网关设备:可以挂载子设备的直连设备。网关具有子设备管理模块,可以维持子设备的拓扑关系,将与子设备的拓扑关系同步到云端
接入网关协议	节点类型选择为网关子设备的参数,表示该产品下的设备作为子设备与网关的通信协议类型。 • 自定义:表示子设备和网关之间是其他标准或私有协议。 • Modbus:表示子设备和网关之间的通信协议是 Modbus。 • OPC UA:表示子设备和网关之间的通信协议是 OPC UA。 • ZigBee:表示子设备和网关之间的通信协议是 ZigBee。 • BLE:表示子设备和网关之间的通信协议是 BLE
连网方式	直连设备和网关设备的连网方式。 • WiFi。 • 蜂窝(2G/3G/4G)。 • 以太网。 • LoRaWAN。 说明:首次选择 LoRaWAN 时,需要单击下方提示中的立即授权,前往 RAM 控制台授权 IoT 使用 AliyunIOTAccessingLinkWANRole 角色访问 LinkWAN 服务。 • 其他
入网凭证	当连网方式选择为 LoRaWAN 时,需提供入网凭证名称。若无凭证,请单击创建凭证,进入阿里云物联网络管理平台,添加专用凭证,并为凭证授权用户。 使用凭证创建的产品将作为一个节点分组,自动同步到物联网络管理平台的节点分组列表中
数据格式	设备上下行的数据格式。 • ICA 标准数据格式(Alink JSON):是物联网平台为开发者提供的设备与云端的数据交换协议,采用 JSON 格式。 • 透传/自定义:如果希望使用自定义的串口数据格式,则可以选择为透传/自定义。你需要在控制台提交数据解析脚本,将上行的自定义格式的数据转换为 Alink JSON 格式;将下行的 Alink JSON 格式数据解析为设备自定义格式,设备才能与云端进行通信。 说明:使用 LoRaWAN 接入网关的产品仅支持透传/自定义

参　数	描　述
认证方式	设备接入物联网平台的安全认证方式。产品创建成功后,认证方式不可变更。可选: • 设备密钥:使用物联网平台为设备生成的 DeviceSecret 进行设备认证签名计算。使用 DeviceSecret 签名计算,可参见 MQTT-TCP 连接通信。 • ID^2:ID^2 认证提供设备与物联网平台的双向身份认证能力,通过建立轻量化的安全链路(iTLS)来保障数据的安全性。 **说明:** 仅华东 2(上海)地域支持 ID^2 认证方式。 连网方式选择为 LoRaWAN 的产品不支持 ID^2 认证方式。 选择使用 ID^2 认证,需购买 ID^2 服务。请参见 IoT 设备身份认证(ID^2)用户手册。 • X.509 证书:使用 X.509 数字证书进行设备身份认证。 **说明:** 仅华东 2(上海)地域支持 X.509 证书。 连网方式选择为 LoRaWAN 的产品不支持 X.509 证书。 在产品下创建设备后,物联网平台为设备生成唯一的 X.509 证书。你可以在设备的设备详情页,查看和下载该设备的 X.509 证书。 使用 X.509 证书进行设备身份认证的设备端配置说明,请参见使用 X.509 证书认证
产品描述	可输入文字,用来描述产品信息。字数限制为 100
资源组	将该产品划归为某个资源组。通过资源组管理,可以授予指定子账号查看和操作该产品的权限,而未授权的子账号则不可以查看和操作该产品。 产品创建成功后,可以在资源管理控制台变更产品所属的资源组。 资源组相关功能说明请参见资源隔离文档

产品创建成功后,页面自动跳转回产品列表页面。

19.2　产品物模型自定义(功能定义)

物模型指将物理空间中的实体数字化,并在云端构建该实体的数据模型。在物联网平台中,定义物模型即定义产品功能。完成功能定义后,系统将自动生成该产品的物模型。物模型描述产品是什么,能做什么,可以对外提供哪些服务。

物模型(Thing Specification Language,TSL)是一个 JSON 格式的文件,它是物理空间中的实体,如传感器、车载装置、楼宇、工厂等在云端的数字化表示,从属性、服务和事件 3 个维度,分别描述了该实体是什么,能做什么,可以对外提供哪些信息。定义了这 3 个维度,即完成了产品功能的定义。

物模型将产品功能类型分为 3 类:属性、服务和事件。定义了这 3 类功能,即完成了物模型的定义。表 19.2.1 所列是对相关功能类型的说明。

表 19.2.1　功能类型说明

功能类型	说　明
属性（Property）	一般用于描述设备运行时的状态，如环境监测设备所读取的当前环境温度等。属性支持 GET 和 SET 请求方式。应用系统可发起对属性的读取和设置请求
服务（Service）	设备可被外部调用的能力或方法，可设置输入参数和输出参数。相比于属性，服务可通过一条指令实现更复杂的业务逻辑，如执行某项特定的任务
事件（Event）	设备运行时的事件。事件一般包含需要被外部感知和处理的通知信息，可包含多个输出参数。例如，某项任务完成的信息或者设备发生故障或告警时的温度等，事件可以被订阅和推送

19.3　创建单个设备

在左侧导航栏，选择设备管理 ＞ 设备，在产品下添加设备，操作如图 19.3.1 所示。

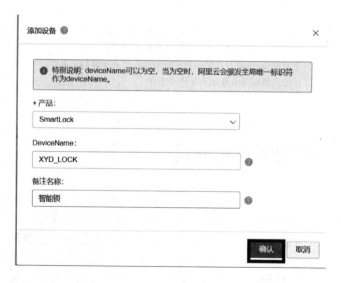

图 19.3.1　创建单个设备

确定后弹出来的设备证书信息（ProductKey、DeviceName 和 DeviceSerect）在后面接入该平台时需要用到，请记录保存下来。如果不小心关闭也没关系，在产品设备中也能找到。设备证书界面如图 19.3.2 所示。

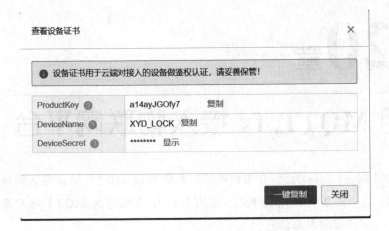

图 19.3.2 查看设备证书

设备证书中的相关参数说明如表 19.3.1 所列。

表 19.3.1 设备证书中的相关参数说明

参 数	说 明
ProductKey	设备所隶属产品的 Key，即物联网平台为产品颁发的全局唯一标识符
DeviceName	设备在产品内的唯一标识符。DeviceName 与设备所属产品的 ProductKey 组合，作为设备标识，用来与物联网平台进行连接认证和通信
DeviceSecret	物联网平台为设备颁发的设备密钥，用于认证加密，需与 DeviceName 成对使用

之后，可以在设备列表中，单击设备对应的查看按钮，进入设备详情页设备信息选项卡下，查看设备信息。

19.4 总 结

本章主要介绍如何创建一个阿里云产品，这是为了后续 MQIT 接入阿里云做准备，读者只需按照步骤创建自己的阿里云产品即可。

第**20**章

使用 MQTT.fx 接入物联网平台

本文以 MQTT.fx 为例,介绍使用第三方软件以 MQTT 协议接入物联网平台。MQTT.fx 是一款基于 Eclipse Paho,使用 Java 语言编写的 MQTT 客户端工具,支持通过 Topic 订阅和发布消息。

20.1 前提条件

已在物联网平台控制台创建产品和设备,并获取设备证书信息(ProductKey、DeviceName 和 DeviceSerect)。创建产品和设备具体操作细节,请参考创建产品、单个创建设备和批量创建设备。

上文创建的产品设备后的设备证书信息如下(下面将以此作为示例进行讲解):

- "ProductKey":"a14ayJGOfy7";
- "DeviceName":"XYD_LOCK";
- "DeviceSecret":"ch4UVyPXhAOdFwWYGbfWMw6G6ztxbTir"。

20.2 使用 MQTT.fx 接入

① 下载并安装 MQTT.fx 软件,请访问 MQTT.fx 官网。

② 打开 MQTT.fx 软件,单击设置图标,如图 20.2.1 所示。

③ 设置连接参数。物联网平台目前支持两种连接模式,不同模式设置的参数也不同。

- TCP 直连:Client ID 中 securemode = 3,无需设置 SSL/TLS 信息。
- TLS 直连:Client ID 中 securemode = 2,需要设置 SSL/TLS 信息。

第一步,设置基本信息,如图 20.2.2 所示。

图 20.2.1 MQTT.fx 设置图标

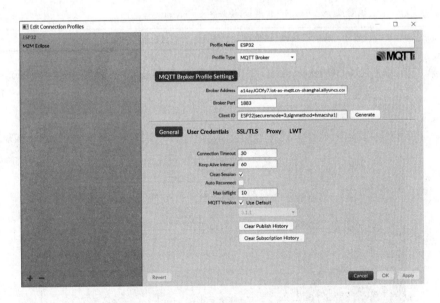

图 20.2.2 设置基本信息

设置基本信息的相关参数说明如表 20.2.1 所列。

表 20.2.1　设置基本信息的相关参数说明

参　数	说　明
Profile Name	输入自定义名称
Profile Type	选择为 MQTT Broker
MQTT Broker Profile Settings	
Broker Address	连接域名。 格式：$\${YourProductKey}$. iot-as-mqtt. $\${region}$. aliyuncs. com。 其中，$\${region}$需替换为物联网平台服务所在地域的代码。地域代码请参见地域和可用区，如 alxxxxxxxxxx. iot-as-mqtt. cn-shanghai. aliyuncs. com
Broker Port	设置为 1883
Client ID	输入 mqttClientId，用于 MQTT 的底层协议报文。 格式固定：$\${clientId}$|securemode＝3,signmethod＝hmacsha1|。 完整示例：12345|securemode＝3,signmethod＝hmacsha1|。 其中， $\${clientId}$为设备的 ID 信息，可取任意值，长度在 64 字符以内。建议使用设备的 MAC 地址或 SN 码。 securemode 为安全模式，TCP 直连模式设置为 securemode＝3，TLS 直连为 securemode＝2。 signmethod 为算法类型，支持 hmacmd5 和 hmacsha1。 **说明**：输入 Client ID 信息后，请勿单击 Generate
General 栏目下的设置项可保持系统默认，也可以根据具体的需求设置	

第二步，单击 User Credentials，设置 User Name 和 Password，如图 20.2.3 所示。

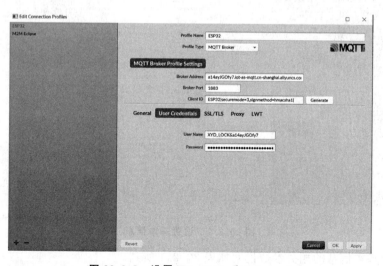

图 20.2.3　设置 User Name 和 Password

用户相关信息说明如表 20.2.2 所列。

表 20.2.2　用户相关信息说明

参　数	说　　明
User Name	由设备名 DeviceName、符号（&）和产品 ProductKey 组成。 固定格式：$\{YourDeviceName\}&$\{YourPrductKey\}。 完整示例如 device&alxxxxxxxxxx
Password	密码由参数值拼接加密而成。 可以使用物联网平台提供的生成工具自动生成 Password。 单击下载 Password 生成小工具。 使用 Password 生成小工具的输入参数： productKey：设备所属产品 Key，可在控制台设备详情页查看。 deviceName：设备名称，可在控制台设备详情页查看。 deviceSecret：设备密钥，可在控制台设备详情页查看。 timestamp：（可选）时间戳。 clientId：设备的 ID 信息，与 Client ID 中 $\{clientId\}$ 一致。 method：选择签名算法类型，与 Client ID 中 signmethod 确定的加密方法一致

第三步，Password 生成工具。打开软件工具\mqttfx\mqtt 签名工具\sign.html，按照上文参数规则输入信息后单击生成，如图 20.2.4 所示。

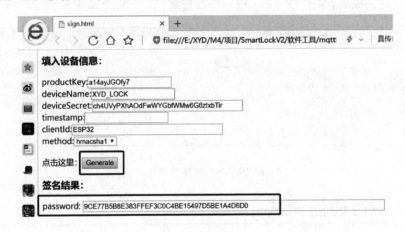

图 20.2.4　密码生成配置

第四步，最终得到 User Name 和 Password。

User Name：XYD_LOCK&a14ayJGOfy7。

Password：9CE77B5B8E383FFEF3C0C4BE15497D5BE1A4D6D0。

这两个在后面进行 MQTT 连接时需要用到。

第五步，(可选)在 TCP 直连模式(即 securemode＝3)下，无需设置 SSL/TLS 信息，直接进入下一步。在 TLS 直连模式(即 securemode＝2)下，需要选择 SSL/TLS，选中 Enable SSL/TLS 复选框，设置 Protocol。建议 Protocol 选择为 TLSv1.2。设置如图 20.2.5 所示。

图 20.2.5 设置 TCP 直连模式

设置完成后单击 OK 按钮。

④ 设置完成后，单击 Connect 按钮进行连接，如图 20.2.6 所示。

图 20.2.6 连接示意图

20.3 下行通信测试

从物联网平台发送消息，在 MQTT.fx 上接收消息，测试 MQTT.fx 与物联网平台连接是否成功。

① 在 MQTT.fx 上，单击 Subscribe 按钮。

② 输入一个设备具有订阅权限的 Topic，单击 Subscribe 按钮，订阅该 Topic，如

图 20.3.1 所示。

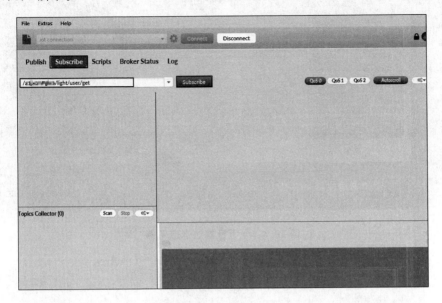

图 20.3.1 订阅 Topic

订阅成功后,该 Topic 将显示在列表中,如图 20.3.2 所示。

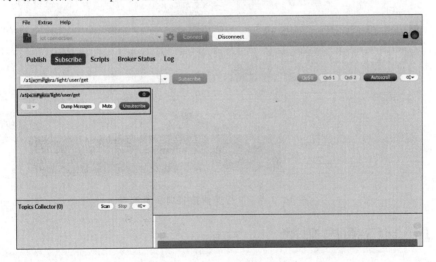

图 20.3.2 查看一个订阅的 Topic

③ 在物联网平台控制台中,点击设备的设备详情,在设备详情页面下有一个 Topic 列表,单击已订阅的 Topic 对应的发布消息操作按钮。

④ 输入消息内容,单击确认按钮,如图 20.3.3 所示。

⑤ 回到 MQTT. fx 上,查看是否接收到消息,如图 20.3.4 所示。

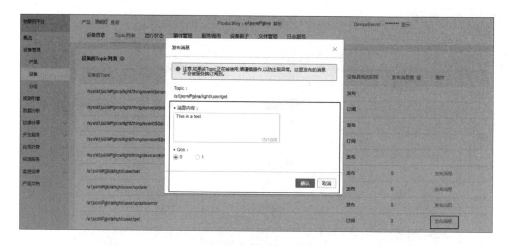

图 20.3.3　下行发送消息示例

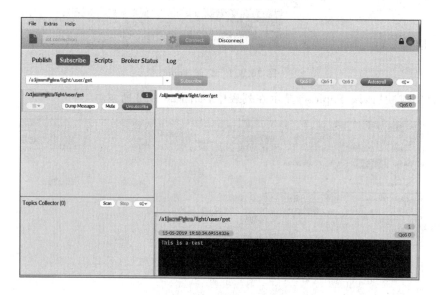

图 20.3.4　下行通信接收消息示例

20.4　上行通信测试

　　在 MQTT. fx 上发送消息，通过查看设备日志，测试 MQTT. fx 与物联网平台连接是否成功。

　　① 在 MQTT. fx 上，单击 Publish 按钮。

　　② 输入一个设备具有发布权限的 Topic 和要发送的消息内容，单击 Publish 按钮，向该 Topic 推送一条消息，如图 20.4.1 所示。

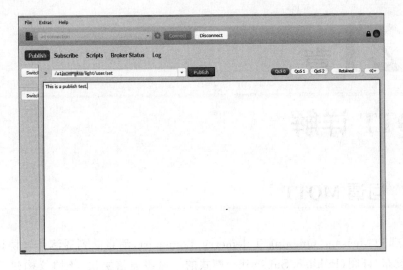

图 20.4.1　上行通信发送消息示例

③ 在物联网平台控制台中,在该设备的设备详情＞日志服务＞上行消息分析栏下,查看上行消息。我们还可以复制 MessageID,在消息内容查询中选择原始数据查看具体消息内容。

20.5　查看日志

在 MQTT.fx 上,单击 Log 查看操作日志和错误提示日志,如图 20.5.1 所示。

图 20.5.1　查看日志

第21章

MQTT 详解

21.1　何谓 MQTT

　　MQTT(Message Queuing Telemetry Transport,消息队列遥测传输协议)是一种基于发布/订阅(Publish/Subscribe)模式的轻量级通信协议,该协议构建于 TCP/IP 协议上,由 IBM 在 1999 年发布,目前最新版本为 v3.1.1。MQTT 最大的优点在于可以以极少的代码和有限的带宽,为远程设备提供实时可靠的消息服务。作为一种低开销、低带宽占用的即时通信协议,MQTT 在物联网、小型设备、移动应用等方面均有广泛应用。

　　众所周知,TCP/IP 参考模型可以分为四层:应用层、传输层、网络层和链路层。TCP 和 UDP 位于传输层,应用层常见的协议有 HTTP、FTP、SSH 等。MQTT 协议运行于 TCP 之上,属于应用层协议,因此只要是支持 TCP/IP 协议栈的地方都可以使用 MQTT,比如 ESP8266WIFI 模组。

21.2　MQTT 数据包格式

　　在 MQTT 协议中,一个 MQTT 数据包部分组成,如下:
固定报头(Fixed Header)、可变报头(Variable Header)、有效负荷(Payload)。
- 固定报头:存在于所有 MQTT 数据包中,表示数据包类型及数据包的分组类标志;
- 可变报头:存在于部分 MQTT 数据包中,数据包类型决定了可变报头是否存在及其具体内容;
- 有效负荷:存在于部分 MQTT 数据包中,实际上就是消息主体(body),表示客户端收到的具体内容。

21.2.1　固定报头

　　MQTT 固定报头最少有 2 B,第 1 字节包含数据包类型(Message Type)和 QoS 级别等标志位。第 2 字节开始是剩余长度字段,该长度是后面的可变报头加有效负荷的总长度,该字段最多允许 4 个字节。结构如表 21.2.1 所列。

表 21.2.1　报头结构

Bit	7	6	5	4	3	2	1	0
Byte1	MQTT 数据包类型				不同类型 MQTT 数据包的具体标识			
Byte2…	剩余长度(不包括固定头部,该字段最多允许占 4 B)							

1. MQTT 数据报类型

位置:Byte1→Bit7～4。

相当于一个 4 位无符号值,类型如表 21.2.2 所列。

表 21.2.2　数据报类型

名　　称	值	流方向	描　　述
Reserved	0	—	保留
CONNECT	1	客户端到服务器	客户端请求连接到服务器
CONNACK	2	服务器到客户端	连接确认
PUBLISH	3	双向	发布消息
PUBACK	4	双向	发布确认
PUBREC	5	双向	发布收到(保证第 1 部分到达)
PUBREL	6	双向	发布释放(保证第 2 部分到达)
PUBCOMP	7	双向	发布完成(保证第 3 部分到达)
SUBSCRIBE	8	客户端到服务器	客户端请求订阅
SUBACK	9	服务器到客户端	订阅确认
UNSUBSCRIBE	10	客户端到服务器	请求取消订阅
UNSUBACK	11	服务器到客户端	取消订阅确认
PINGREQ	12	客户端到服务器	PING 请求
PINGRESP	13	服务器到客户端	PING 应答
DISCONNECT	14	客户端到服务器	中断连接
Reserved	15	—	保留

2. 标识位

位置:Byte1→Bit3～0。

在不使用标识位的消息类型中,标识位被作为保留位。如果收到无效的标志,则接收端必须关闭网络连接。

标志位的相关说明如表 21.2.3 所列。

表 21.2.3　标志位的相关说明

数据包	标识位	Bit3	Bit2	Bit1	Bit0
CONNECT	保留	0	0	0	0
CONNACK	保留	0	0	0	0
PUBLISH	MQTT 3.1.1 使用	DUP[1]	QoS[2]	QoS[2]	RETAIN[3]
PUBACK	保留	0	0	0	0
PUBREC	保留	0	0	0	0
PUBREL	保留	0	0	1	0
PUBCOMP	保留	0	0	0	0
SUBSCRIBE	保留	0	0	1	0
SUBACK	保留	0	0	0	0
UNSUBSCRIBE	保留	0	0	1	0
UNSUBACK	保留	0	0	0	0
PINGREQ	保留	0	0	0	0
PINGRESP	保留	0	0	0	0
DISCONNECT	保留	0	0	0	0

说明：

（1）DUP：发布消息的副本，用来保证消息的可靠传输。如果设置为 1，则在下面的变长中增加 MessageId，并且需要回复确认，以保证消息传输完成，但不能用于检测消息重复发送。

（2）QoS：发布消息的服务质量，即保证消息传递的次数。

　　　　00：最多一次，即≤1

　　　　01：至少一次，即≥1

　　　　10：一次，即＝1

　　　　11：预留。

（3）RETAIN：发布保留标识，表示服务器要保留这次推送的信息，如果有新的订阅者出现，就把这消息推送给它；如果没有，那么推送至当前订阅者后释放。

3. 剩余长度

由 Byte2 开始就是剩余长度字段，该长度是后面的可变报文头加有效负载的总长度，该字段最多允许 4 个字节。

剩余长度字段单个字节最大值为二进制 0B0111 1111，16 进制 0x7F。也就是说，单个字节可以描述的最大长度是 127 B。为什么不是 256 B 呢？因为 MQTT 协议规定，单个字节第 8 位（最高位）若为 1，表示长度不足，需要再使用后续的字节来继续保存，第 8 位起"延续位"的作用。

由于 MQTT 协议最多只允许使用 4 个字节表示剩余长度,并且最后一字节最大值只能是 0x7F 不能是 0xFF,所以能发送的最大消息长度是 256 MB,而不是 512 MB,如表 21.2.4 所列。

表 21.2.4　剩余长度说明

位　数	From	To
1	0(0x00)	127(0x7F)
2	128(0x80,0x01)	16383(0xFF,0x7F)
3	16384(0x80,0x80,0x01)	2097151(0xFF,0xFF,0x7F)
4	2097152(0x80,0x80,0x80,0x01)	268435455(0xFF,0xFF,0xFF,0x7F)

示例:已知剩余长度为 DataLen,通过代码计算出剩余长度每个字段的值,保存在 unsigned char buf[4] 中。代码如下:

```
01    unsigned charbuf[4]
02    unsigned char len = 0;
03    do
04    {
05        u8 encodedByte = DataLen % 128;
06        DataLen = DataLen / 128;
07        //如果还有长度值,则将最高位置1
08        if( DataLen > 0 )
09            encodedByte = encodedByte | 128;
10        buf [len++] = encodedByte;
11    }while ( DataLen > 0 );
```

21.2.2　可变报头

可变报文头主要包含协议名、协议版本级别、连接标志(Connect Flag)、心跳间隔时间(Keep Alive timer)、连接返回码(Connect Return Code)和主题名(Topic Name)等,可变报头的内容因数据包类型的不同而不同。后文在描述常用数据包时在各个表格中再详细讲解。

21.2.3　有效负荷

Payload 消息体为 MQTT 数据包的第 3 部分,当 MQTT 发送的消息类型是 CONNECT(连接)、SUBSCRIBE(订阅)、SUBACK(订阅确定)、UNSUBSCRIBE(取消订阅)这 4 种类型时,则会带有负荷(消息体)。还有一种类型 PUBLISH(发布)的有效负荷是可选的。

21.3 MQTT 控制报文

21.3.1 CONNECT——连接服务器

客户端到服务端的网络连接（TCP）建立后，客户端发送给服务端的第一个报文必须是 CONNECT 报文。

1. CONNECT 报文的固定报头

固定报头相关位说明如表 21.3.1 所列。

表 21.3.1　固定报头相关位说明

	固定报头							
	Bit7	Bit6	Bit5	Bit4	Bit3	Bit2	Bit1	Bit0
Byte1	MQTT 数据包类型(1)				保留			
Byte2…	0	0	0	1	0	0	0	0
	剩余长度							

剩余长度等于可变报头的长度(10)加上有效负荷的长度。编码方式见 21.3.1 节的第 3 小节的说明。

2. CONNECT 报文的可变报头

CONNECT 报文的可变报头按下列次序包含 4 个字段：协议名(Protocol Name)，协议级别(Protocol Level)，连接标志(Connect Flags)和保持连接(Keep Alive)。

（1）协议名(Protocol Name)

协议名(Protocol Name)说明如表 21.3.2 所列。

表 21.3.2　协议名(**Protocol Name**)说明

	协议名(Protocol Name)								
	说　明	Bit7	Bit6	Bit5	Bit4	Bit3	Bit2	Bit1	Bit0
Byte1	长度 MSB(0)	0	0	0	0	0	0	0	0
Byte2	长度 LSB(4)	0	0	0	0	0	1	0	0
Byte3	'M'	0	1	0	0	1	1	0	1
Byte4	'Q'	0	1	0	1	0	0	0	1
Byte5	'T'	0	1	0	1	0	1	0	0
Byte6	'T'	0	1	0	1	0	1	0	0

（2）协议级别（Protocol Level）

协议级别（Protocol Level）说明如表 21.3.3 所列。

表 21.3.3　协议级别（Protocol Level）说明

协议级别（Protocol Level）									
	说　明	Bit7	Bit6	Bit5	Bit4	Bit3	Bit2	Bit1	Bit0
Byte7	4 个等级	0	0	0	0	0	1	0	0

（3）连接标志（Connect Flags）

连接标志（Connect Flags）说明如表 21.3.4 所列。

表 21.3.4　连接标志（Connect Flags）说明

连接标志（Connect Flags）							
	Bit7	Bit6	Bit5	Bit4	Bit3	Bit2	Bit1	Bit0
	用户名标志	密码标志	遗嘱保留	遗嘱 QoS		遗嘱标志	清理会话	保留
Byte8	X	X	X	X	X	X	X	0

服务端必须验证 CONNECT 控制报文的保留标志位（第 0 位）是否为 0，如果不为 0 则必须断开客户端连接。

1）清理会话（Clean Session）

位置：连接标志字节的第 1 位，这个二进制位指定了会话状态的处理方式。

客户端和服务端可以保存会话状态，以支持跨网络连接的可靠消息传输。这个标志位用于控制会话状态的生存时间。

如果清理会话（Clean Session）标志被设置为 0，服务端必须基于当前会话（使用客户端标识符识别）的状态恢复与客户端的通信。如果没有与这个客户端标识符关联的会话，服务端必须创建一个新的会话。在连接断开之后，当连接断开后，客户端和服务端必须保存会话信息。当清理会话标志为 0 的会话连接断开之后，服务端必须将之后的 QoS 1 和 QoS 2 级别的消息保存为会话状态的一部分，如果这些消息匹配断开连接时客户端的任何订阅。服务端也可以保存满足相同条件的 QoS 0 级别的消息。

如果清理会话（Clean Session）标志被设置为 1，客户端和服务端必须丢弃之前的任何会话并开始一个新的会话。会话仅持续和网络连接同样长的时间。与这个会话关联的状态数据不能被任何之后的会话重用。

客户端的会话状态包括：

－ 已经发送给服务端，但是还没有完成确认的 QoS 1 和 QoS 2 级别的消息。

－ 已从服务端接收，但是还没有完成确认的 QoS 2 级别的消息。

服务端的会话状态包括：

– 会话是否存在，即使会话状态的其他部分都是空。

– 客户端的订阅信息。

– 已经发给客户端，但是还没有完成确认的 QoS 1 和 QoS 2 级别的消息。

– 即将传输给客户端的 QoS 1 和 QoS 2 级别的消息。

– 已从客户端接收，但是还没有完成确认的 QoS 2 级别的消息。

– 可选，准备发送给客户端的 QoS 0 级别的消息。

为了确保在发生故障时状态的一致性，客户端应该使用会话状态标志 1 重复请求连接，直到连接成功。

2）遗嘱标志（Will Flag）

位置：连接标志的第 2 位。

遗嘱标志（Will Flag）被设置为 1，表示如果连接请求被接受了，遗嘱（Will Message）消息必须被存储在服务端并且与这个网络连接关联。之后网络连接关闭时，服务端必须发布这个遗嘱消息，除非服务端收到 DISCONNECT 报文时删除了这个遗嘱消息。

遗嘱消息发布的条件，包括但不限于：

– 服务端检测到了一个 I/O 错误或者网络故障。

– 客户端在保持连接（Keep Alive）的时间内未能通讯。

– 客户端没有先发送 DISCONNECT 报文直接关闭了网络连接。

– 由于协议错误服务端关闭了网络连接。

如果遗嘱标志被设置为 1，连接标志中的 Will QoS 和 Will Retain 字段会被服务端用到，同时有效载荷中必须包含 Will Topic 和 Will Message 字段。

一旦被发布或者服务端收到了客户端发送的 DISCONNECT 报文，遗嘱消息就必须从存储的会话状态中移除。

如果遗嘱标志被设置为 0，连接标志中的 Will QoS 和 Will Retain 字段必须设置为 0，并且有效载荷中不能包含 Will Topic 和 Will Message 字段。

如果遗嘱标志被设置为 0，网络连接断开时，不能发送遗嘱消息。

服务端应该迅速发布遗嘱消息。在关机或故障的情况下，服务端可以推迟遗嘱消息的发布直到之后的重启。如果发生了这种情况，在服务器故障和遗嘱消息被发布之间可能会有一个延迟。

3）遗嘱 QoS（Will QoS）

位置：连接标志的第 4 和第 3 位。

这两位用于指定发布遗嘱消息时使用的服务质量等级。

如果遗嘱标志被设置为 0，遗嘱 QoS 也必须设置为 0（0x00）。

如果遗嘱标志被设置为 1,遗嘱 QoS 的值可以等于 0(0x00),1(0x01),2(0x02)。它的值不能等于 3。

4) 遗嘱保留(Will Retain)

位置:连接标志的第 5 位。

如果遗嘱消息被发布时需要保留,需要指定这一位的值。

如果遗嘱标志被设置为 0,遗嘱保留(Will Retain)标志也必须设置为 0。

如果遗嘱标志被设置为 1:

– 如果遗嘱保留被设置为 0,服务端必须将遗嘱消息当作非保留消息发布。

– 如果遗嘱保留被设置为 1,服务端必须将遗嘱消息当作保留消息发布。

5) 密码标志(Password Flag)

位置:连接标志的第 6 位。

如果密码(Password)标志被设置为 0,有效负荷中不能包含密码字段。

如果密码(Password)标志被设置为 1,有效负荷中必须包含密码字段。

如果用户名标志被设置为 0,密码标志也必须设置为 0。

6) 用户名标志(User Name Flag)

位置:连接标志的第 7 位。

如果用户名(User Name)标志被设置为 0,有效负荷中不能包含用户名字段。

如果用户名(User Name)标志被设置为 1,有效负荷中必须包含用户名字段。

本项目中使用的连接标志字节如表 21.3.5 所列。

表 21.3.5 连接标志字节

	Bit7	Bit6	Bit5	Bit4	Bit3	Bit2	Bit1	Bit0
Byte8	用户名标志	密码标志	遗嘱保留	遗嘱 QoS		遗嘱标志	清理会话	保留
	1	1	0	0	0	0	1	0

(4) 保持连接(Keep Alive)

保持连接(Keep Alive)如表 21.3.6 所列。

表 21.3.6 保持连接

保持连接(Keep Alive)								
	Bit7	Bit6	Bit5	Bit4	Bit3	Bit2	Bit1	Bit0
Byte9	保持连接 Keep Alive MSB							
Byte10	保持连接 Keep Alive LSB							

保持连接是一个以秒为单位的时间间隔,表示为一个 16 位的字,它是指在客户端传输完成一个控制报文的时刻到发送下一个报文的时刻,两者之间允许空闲的最

大时间间隔。客户端负责保证控制报文发送的时间间隔不超过保持连接的值。如果没有任何其他的控制报文可以发送,客户端必须发送一个 PINGREQ 报文。

保持连接的值为 0 表示关闭保持连接功能。这意味着服务端不需要因为客户端不活跃而断开连接。

注意:不管保持连接的值是多少,任何时候,只要服务端认为客户端是不活跃或无响应的,可以断开客户端的连接。

保活时间取值范围为 30 至 1 200 s。如果心跳时间不在此区间内,物联网平台会拒绝连接。建议取值 300 s 以上。如果网络不稳定,将心跳时间设置高一些。

综上所述,CONNECT 连接报文的可变报头(10 字节)如表 21.3.7 所列。

表 21.3.7　连接报文的可变报头

	说　明	Bit7	Bit6	Bit5	Bit4	Bit3	Bit2	Bit1	Bit0
协议名(Protocol Name)									
Byte1	长度 MSB(0)	0	0	0	0	0	0	0	0
Byte2	长度 LSB(4)	0	0	0	0	0	1	0	0
Byte3	'M'	0	1	0	0	1	1	0	1
Byte4	'Q'	0	1	0	1	0	0	0	1
Byte5	'T'	0	1	0	1	0	1	0	0
Byte6	'T'	0	1	0	1	0	1	0	0
协议级别(Protocol Level)									
Byte7	Level(4)	0	0	0	0	0	1	0	0
连接标志(Connect Flags)									
Byte8		用户名标志	密码标志	遗嘱保留	遗嘱 QoS		遗嘱标志	清理会话	保留
		X(1)	X(1)	X(0)	X(0)	X(0)	X(0)	X(1)	0
保持连接(Keep Alive)									
Byte9		保持连接 Keep Alive MSB							
Byte10		保持连接 Keep Alive LSB							

3. CONNECT 报文的有效负荷(Payload)

CONNECT 报文的有效载荷(payload)包含一个或多个以长度为前缀的字段,可变报头中的标志决定是否包含这些字段。如果包含的话,**必须按这个顺序出现**:客户端标识符,遗嘱主题,遗嘱消息,用户名,密码。

当前项目中使用的连接标志为 0xC2,所以包含:客户端标识符(Client ID)、用户名(Username)和密码(Password)这 3 部分。

这 3 部分在我们创建阿里云设备时会得到。

如果当前客户端标识符(Client ID)长度为 ClientIDLen,用户名(Username)长度为 UsernameLen,密码(Password)长度为 PasswordLen,且每个字段包含两个字节的长度标识,CONNECT 报文的有效负荷如表 21.3.8 所列。

表 21.3.8　CONNECT 报文的有效负荷

客户端标识符(Client ID)								
	Bit7	Bit6	Bit5	Bit4	Bit3	Bit2	Bit1	Bit0
Byte11	Client ID length MSB							
Byte12	Client ID length LSB							
Byte13	Client ID 数据部分							
...								
Byte(14+ClientIDLen−1)								
用户名(Username)								
Byte(14+ClientIDLen)	Username length MSB							
Byte(14+ClientIDLen+1)	Username length LSB							
Byte(14+ClientIDLen+2)	Username 数据部分							
...								
Byte((14+ClientIDLen+2)+ (UsernameLen−1))								
密码(Password)								
Byte((14+ClientIDLen+2)+ (UsernameLen))	Password length MSB							
Byte((14+ClientIDLen+2)+ (UsernameLen+1))	Password length LSB							
Byte((14+ClientIDLen+2)+ (UsernameLen+2))	Password 数据部分							
...								
Byte(14+ClientIDLen+2)+ (UsernameLen+2)+ (PasswordLen−1)								

4. CONNECT 报文综合

CONNECT 报文综合如表 21.3.9 所列。

表 21.3.9　CONNECT 报文综合

固定报头									
		Bit7	Bit6	Bit5	Bit4	Bit3	Bit2	Bit1	Bit0
Byte1		MQTT 数据包类型(1)				保留			
Byte2…		0	0	0	1	0	0	0	0
		剩余长度＝ 10＋(2＋ClientIDLen)＋(2＋UsernameLen)＋(2＋PasswordLen)							
可变报头									
协议名(Protocol Name)									
	说　明	Bit7	Bit6	Bit5	Bit4	Bit3	Bit2	Bit1	Bit0
Byte1	长度 MSB(0)	0	0	0	0	0	0	0	0
Byte2	长度 LSB(4)	0	0	0	0	0	1	0	0
Byte3	'M'	0	1	0	0	1	1	0	1
Byte4	'Q'	0	1	0	1	0	0	0	1
Byte5	'T'	0	1	0	1	0	1	0	0
Byte6	'T'	0	1	0	1	0	1	0	0
协议级别(Protocol Level)									
Byte7	Level(4)	0	0	0	0	0	1	0	0
连接标志(Connect Flags)									
Byte8		用户名标志	密码标志	遗嘱保留	遗嘱 QoS		遗嘱标志	清理会话	保留
		X(1)	X(1)	X(0)	X(0)	X(0)	X(0)	X(1)	0
保持连接(Keep Alive)									
Byte9		保持连接 Keep Alive MSB							
Byte10		保持连接 Keep Alive LSB							
可变报头									
客户端标识符(Client ID)									
		Bit7	Bit6	Bit5	Bit4	Bit3	Bit2	Bit1	Bit0
Byte1		Client ID length MSB							
Byte2		Client ID length LSB							
Byte3		Client ID 数据部分							
…									
Byte(3＋ClientIDLen－1)									
用户名(Username)									
Byte1		Username length MSB							
Byte2		Username length LSB							

Byte3	Username 数据部分
...	
Byte(3+Username-1)	
密码(Password)	
Byte1	Password length MSB
Byte2	Password length LSB
Byte3	Password 数据部分
...	
Byte(3+Password-1)	

21.3.2 CONNACK——确认连接

服务端发送 CONNACK 报文响应从客户端收到的 CONNECT 报文。服务端发送给客户端的第一个报文必须是 CONNACK。

如果客户端在合理的时间内没有收到服务端的 CONNACK 报文,客户端应该关闭网络连接。合理的时间取决于应用的类型和通信基础设施。

1. CONNACK 报文的固定报头

CONNACK 报文的固定报头如表 21.3.10 所列。

表 21.3.10 CONNACK 报文的固定报头

	固定报头							
	Bit7	Bit6	Bit5	Bit4	Bit3	Bit2	Bit1	Bit0
Byte1	MQTT 数据包类型(2)				保留			
	0	0	1	0	0	0	0	0
Byte2	剩余长度(2)							
	0	0	0	0	0	0	1	0

2. CONNACK 报文的可变报头

CONNACK 报文的可变报头如表 21.3.11 所列。

表 21.3.11 CONNACK 报文的可变报头

	可变报头							
	Bit7	Bit6	Bit5	Bit4	Bit3	Bit2	Bit1	Bit0
Byte1 连接确认标志	保留位							SP[1]
	0	0	0	0	0	0	0	X
Byte2	连接返回码							
	X	X	X	X	X	X	X	X

（1）连接确认标志

Byte1 是连接确认标志,Bit7～Bit1 是保留位且必须设置为 0。Bit0(SP)是当前会话标志。

如果服务端收到清理会话(Clean Session)标志为 1 的连接,除了将 CONNACK 报文中的返回码设置为 0 之外,还必须将 CONNACK 报文中的当前会话设置 (Session Present)标志为 0。

如果服务端收到一个 Clean Session 为 0 的连接,当前会话标志的值取决于服务端是否已经保存了 Client ID 对应客户端的会话状态。如果服务端已经保存了会话状态,它必须将 CONNACK 报文中的当前会话标志设置为 1〔MQTT - 3.2.2 - 2〕。如果服务端没有已保存的会话状态,它必须将 CONNACK 报文中的当前会话设置为 0。还需要将 CONNACK 报文中的返回码设置为 0。

当前会话标志使服务端和客户端在是否有已存储的会话状态上保持一致。

一旦完成了会话的初始化设置,已经保存会话状态的客户端将期望服务端维持它存储的会话状态。如果客户端从服务端收到的当前的值与预期的不同,客户端可以选择继续这个会话或者断开连接。客户端可以丢弃客户端和服务端之间的会话状态,方法是断开连接,将清理会话标志设置为 1,再次连接,然后再次断开连接。

如果服务端发送了一个包含非零返回码的 CONNACK 报文,它必须将当前会话标志设置为 0。

（2）连接返回码

位置:可变报头的 Byte2。

连接返回码字段使用一个字节的无符号值。如果服务端收到一个合法的 CONNECT 报文,但出于某些原因无法处理它,服务端应该尝试发送一个包含非零返回码的 CONNACK 报文。如果服务端发送了一个包含非零返回码的 CONNACK 报文,那么它必须关闭网络连接。返回码说明如表 21.3.12 所列。

表 21.3.12　返回码说明

返回码	描　述
0x00 连接已接收	连接已被服务端接受
0x01 连接已拒绝,不支持的协议版本	服务端不支持客户端请求的 MQTT 协议级别
0x02 连接已拒绝,不合格的客户端标识符	客户端标识符是正确的 UTF - 8 编码,但服务端不允许使用
0x03 连接已拒绝,服务端不可用	网络连接已建立,但 MQTT 服务不可用
0x04 连接已拒绝,无效的用户名或密码	用户名或密码的数据格式无效
0x05 连接已拒绝,未授权	客户端未被授权连接到此服务器
0x06～0xFF	保留

注意:CONNACK 报文没有有效负荷。

3. CONNACK 报文综合

在当前项目中,我们按照 21.3.1 章节第 4 小节的报文发送给阿里云服务器后,收到的 CONNACK 报文为:0x20,0x02,0x00,0x00。

21.3.3 SUBSCRIBE——订阅主题

客户端向服务端发送 SUBSCRIBE 报文用于创建一个或多个订阅。每个订阅注册客户端关心的一个或多个主题。为了将应用消息转发给与那些订阅匹配的主题,服务端发送 PUBLISH 报文给客户端。SUBSCRIBE 报文也(为每个订阅)指定了最大的 QoS 等级,服务端根据这个发送应用消息给客户端。

1. SUBSCRIBE 报文的固定报头

SUBSCRIBE 报文的固定报头如表 21.3.13 所列。

表 21.3.13　SUBSCRIBE 报文的固定报头

固定报头								
	Bit7	Bit6	Bit5	Bit4	Bit3	Bit2	Bit1	Bit0
Byte1	MQTT 数据包类型(8)				保留			
	1	0	0	0	0	0	1	0
Byte2…	剩余长度							

SUBSCRIBE 控制固定报头的 Bit3～Bit0 位是保留位,必须分别设置为 0,0,1,0。服务端必须将其他的任何值都当做是不合法的并关闭网络连接。

剩余长度等于可变包头的长度(2)加上有效负荷的长度。编码方式见 21.3.1 章节第 3 小节的说明。

2. SUBSCRIBE 报文的可变报头

可变报头包含报文标识符,为 2 个字节,如表 21.3.14 所列。

表 21.3.14　可变报头

可变报头								
	Bit7	Bit6	Bit5	Bit4	Bit3	Bit2	Bit1	Bit0
Byte1	报文标识符 MSB							
	X	X	X	X	X	X	X	X
Byte2	报文标识符 LSB							
	X	X	X	X	X	X	X	X

表 21.3.15 是报文标识符设置为 1 时的可变报头。

表 21.3.15 报文标识符设置为 1 时的可变报头

可变报头								
	Bit7	Bit6	Bit5	Bit4	Bit3	Bit2	Bit1	Bit0
Byte1	报文标识符 MSB(0)							
	0	0	0	0	0	0	0	0
Byte2	报文标识符 LSB(1)							
	0	0	0	0	0	0	0	1

3. SUBSCRIBE 报文的有效负荷

SUBSCRIBE 报文的有效负荷必须包含至少一对主题过滤器(Topic)和 QoS 等级字段组合。没有有效载荷的 SUBSCRIBE 报文是违反协议的。

假如当前需要订阅一个主题(Topic),Topic 长度为 topicLen,如表 21.3.16 所列。

表 21.3.16 SUBSCRIBE 报文的有效负荷

有效负荷								
	Bit7	Bit6	Bit5	Bit4	Bit3	Bit2	Bit1	Bit0
Byte1	Topic 长度 MSB							
	X	X	X	X	X	X	X	X
Byte2	Topic 长度 LSB							
	X	X	X	X	X	X	X	X
Byte3 ... Byte(3+topiclen)	主题							
Byte(3+topiclen+1)	QoS 级别							
	0	0	0	0	0	0	X	X

当前版本的协议没有用到服务质量要求(Requested QoS)字节的高 6 位。如果有效载荷中的任何位是非零值,或者 QoS 不等于 0,1 或 2,服务端必须认为 SUBSCRIBE报文是不合法的并关闭网络连接。

4. SUBSCRIBE 报文综合

SUBSCRIBE 报文综合如表 21.3.17 所列。

表 21.3.17　SUBSCRIBE 报文综合

固定报头								
	Bit7	Bit6	Bit5	Bit4	Bit3	Bit2	Bit1	Bit0
Byte1	MQTT 数据包类型(8)				保留			
	1	0	0	0	0	0	1	0
Byte2…	剩余长度							
可变报头								
	Bit7	Bit6	Bit5	Bit4	Bit3	Bit2	Bit1	Bit0
Byte1	报文标识符 MSB							
	X	X	X	X	X	X	X	X
Byte2	报文标识符 LSB							
	X	X	X	X	X	X	X	X
有效负荷								
	Bit7	Bit6	Bit5	Bit4	Bit3	Bit2	Bit1	Bit0
Byte1	Topic 长度 MSB							
	X	X	X	X	X	X	X	X
Byte2	Topic 长度 LSB							
	X	X	X	X	X	X	X	X
Byte3 … Byte(3+topiclen)	主题							
Byte(3+ topiclen+1)	QoS 级别							
	0	0	0	0	0	0	X	X

21.3.4　SUBACK——订阅确认

服务端发送 SUBACK 报文给客户端,用于确认它已收到并且正在处理 SUBSCRIBE 报文。

SUBACK 报文包含一个返回码清单,它们指定了 SUBSCRIBE 请求的每个订阅被授予的最大 QoS 等级。

1. SUBACK 报文的固定报头

SUBACK 报文的固定报头如表 21.3.18 所列。

表 21.3.18   SUBACK 报文的固定报头

固定报头							
Bit7	Bit6	Bit5	Bit4	Bit3	Bit2	Bit1	Bit0
MQTT 数据包类型(9)				保留			
1	0	0	1	0	0	0	0
剩余长度(3)							
0	0	0	0	0	0	1	1

Byte1 对应 MQTT 数据包类型/保留行及 1 0 0 1 0 0 0 0 行；*Byte2* 对应剩余长度行及 0 0 0 0 0 0 1 1 行。

2. SUBACK 报文的可变报头

可变报头包含等待确认的 SUBSCRIBE 报文的报文标识符。如表 21.3.19 所列。

表 21.3.19   SUBACK 报文的可变报头

可变报头							
Bit7	Bit6	Bit5	Bit4	Bit3	Bit2	Bit1	Bit0
报文标识符 MSB							
X	X	X	X	X	X	X	X
报文标识符 LSB							
X	X	X	X	X	X	X	X

(Byte1 对应报文标识符 MSB 行,Byte2 对应报文标识符 LSB 行)

3. SUBACK 报文的有效负荷

SUBACK 报文的有效负荷如表 21.3.20 所列。

表 21.3.20   SUBACK 报文的有效负荷

有效负荷							
Bit7	Bit6	Bit5	Bit4	Bit3	Bit2	Bit1	Bit0
返回码							
X	0	0	0	0	0	X	X

(Byte1)

允许的返回码值:

0x00—最大 QoS 0;

0x01—成功—最大 QoS 1;

0x02—成功—最大 QoS 2;

0x80— 失败;

0x00,0x01,0x02,0x80 之外的 SUBACK 返回码是保留的,不能使用。

4. SUBACK 报文综合

SUBACK 报文综合如表 21.3.21 所列。

表 21.3.21 SUBACK 报文综合

固定报头								
	Bit7	Bit6	Bit5	Bit4	Bit3	Bit2	Bit1	Bit0
Byte1	MQTT 数据包类型(9)				保留			
	1	0	0	1	0	0	0	0
Byte2	剩余长度(3)							
	0	0	0	0	0	0	1	1
可变报头								
	Bit7	Bit6	Bit5	Bit4	Bit3	Bit2	Bit1	Bit0
Byte1	报文标识符 MSB							
	X	X	X	X	X	X	X	X
Byte2	报文标识符 LSB							
	X	X	X	X	X	X	X	X
有效负荷								
	Bit7	Bit6	Bit5	Bit4	Bit3	Bit2	Bit1	Bit0
Byte1	返回码							
	X	0	0	0	0	0	X	X

21.3.5 UNSUBSCRIBE——取消订阅

取消订阅报文与订阅报文大同小异,相比之下,取消订阅报文的固定报头的数据包类型为 10,有效负荷中不需要像订阅报文那样带上 QoS 级别,如表 21.3.22 所列。

表 21.3.22 UNSUBSCRIBE——取消订阅

固定报头								
	Bit7	Bit6	Bit5	Bit4	Bit3	Bit2	Bit1	Bit0
Byte1	MQTT 数据包类型(10)				保留			
	1	0	1	0	0	0	1	0
Byte2…	剩余长度							
可变报头								
	Bit7	Bit6	Bit5	Bit4	Bit3	Bit2	Bit1	Bit0
Byte1	报文标识符 MSB							
	X	X	X	X	X	X	X	X

续表 21.3.22

	报文标识符 LSB							
Byte2	X	X	X	X	X	X	X	X
	有效负荷							
	Bit7	Bit6	Bit5	Bit4	Bit3	Bit2	Bit1	Bit0
Byte1	Topic 长度 MSB							
	X	X	X	X	X	X	X	X
Byte2	Topic 长度 LSB							
	X	X	X	X	X	X	X	X
Byte3	主题							
...								
Byte(3+topicLen)								

21.3.6 UNSUBACK——取消订阅确定

服务端发送 UNSUBACK 报文给客户端用于确认收到 UNSUBSCRIBE 报文。

1. UNSUBACK 报文的固定报头

UNSUBACK 报文的固定报头如表 21.3.23 所列。

表 21.3.23 UNSUBACK 报文的固定报头

	固定报头							
	Bit7	Bit6	Bit5	Bit4	Bit3	Bit2	Bit1	Bit0
Byte1	MQTT 数据包类型(11)				保留			
	1	0	1	1	0	0	0	0
Byte2	剩余长度(2)							
	0	0	0	0	0	0	1	0

2. UNSUBACK 报文的可变报头

UNSUBACK 报文的可变报头如表 21.3.24 所列。

表 21.3.24 UNSUBACK 报文的可变报头

	可变报头							
	Bit7	Bit6	Bit5	Bit4	Bit3	Bit2	Bit1	Bit0
Byte1	报文标识符 MSB							
	X	X	X	X	X	X	X	X
Byte2	报文标识符 LSB							
	X	X	X	X	X	X	X	X

注意：UNSUBACK 报文没有有效负荷。

3. UNSUBACK 报文综合

UNSUBACK 报文综合如表 21.3.25 所列。

表 21.3.25　UNSUBACK 报文综合

	Bit7	Bit6	Bit5	Bit4	Bit3	Bit2	Bit1	Bit0
固定报头								
Byte1	MQTT 数据包类型(11)				保留			
	1	0	1	1	0	0	0	0
Byte2	剩余长度(2)							
	0	0	0	0	0	0	1	0
可变报头								
	Bit7	Bit6	Bit5	Bit4	Bit3	Bit2	Bit1	Bit0
Byte1	报文标识符 MSB							
	X	X	X	X	X	X	X	X
Byte2	报文标识符 LSB							
	X	X	X	X	X	X	X	X

21.3.7　PUBLISH——发布消息

PUBLISH 控制报文是指从客户端向服务端或者服务端向客户端传输一个应用消息。

1. PUBLISH 报文的固定报头

PUBLISH 报文的固定报头如表 21.3.26 所列。

表 21.3.26　PUBLISH 报文的固定报头

	Bit7	Bit6	Bit5	Bit4	Bit3	Bit2	Bit1	Bit0
固定报头								
Byte1	MQTT 数据包类型(3)				DUP	QoS		RETAIN
	0	0	1	1	X	X	X	X
Byte2…	剩余长度							

（1）重发标志 DUP

位置：Byte1→Bit3

如果 DUP 标志被设置为 0，表示这是客户端或服务端第一次请求发送这个 PUBLISH 报文；如果 DUP 标志被设置为 1，表示这可能是一个早前报文请求的重发。

客户端或服务端请求重发一个 PUBLISH 报文时,必须将 DUP 标志设置为 1。对于 QoS 0 的消息,DUP 标志必须设置为 0。

服务端发送 PUBLISH 报文给订阅者时,收到(入站)的 PUBLISH 报文的 DUP 标志的值不会被传播。发送(出站)的 PUBLISH 报文与收到(入站)的 PUBLISH 报文中的 DUP 标志是独立设置的,它的值必须单独的根据发送(出站)的 PUBLISH 报文是否是一个重发来确定。

(2) 服务质量等级 QoS

位置:Byte1→Bit2～Bit1

这个字段表示应用消息分发的服务质量等级保证,如表 21.3.27 所列。

表 21.3.27　质量等级说明

QoS 值	Bit2	Bit1	描　　述
0	0	0	最多分发一次
1	0	1	至少分发一次
2	1	0	只分发一次
—	1	1	保留

- QoS 0:最多分发一次。消息的传递完全依赖底层的 TCP/IP 网络,协议里没有定义应答和重试,消息要么只会到达服务端一次,要么根本没有到达。
- QoS 1:至少分发一次。服务器的消息接收由 PUBACK 消息进行确认,如果通信链路或发送设备异常,或者指定时间内没有收到确认消息,发送端会重发这条在消息头中设置了 DUP 位的消息。
- QoS 2:只分发一次。这是最高级别的消息传递,消息丢失和重复都是不可接受的,使用这个服务质量等级会有额外的开销。

通过下面的例子可以更深刻的理解上面 3 个传输质量等级。

比如目前流行的共享单车智能锁,智能锁可以定时使用 QoS level 0 质量消息请求服务器,发送单车的当前位置,如果服务器没收到也没关系,反正过一段时间又会再发送一次。之后用户可以通过 App 查询周围单车位置,找到单车后需要进行解锁,这时候可以使用 QoS level 1 质量消息,手机 App 不断的发送解锁消息给单车锁,确保有一次消息能达到以解锁单车。最后用户用完单车后,需要提交付款表单,可以使用 QoS level 2 质量消息,这样确保只传递一次数据,否则用户就会多付钱了。

(1) 保留标志 RETAIN

位置:Byte1→Bit0

如果客户端发给服务端的 PUBLISH 报文的保留(RETAIN)标志被设置为 1,服务端必须存储这个应用消息和它的服务质量等级(QoS),以便它可以被分发给未来的主题名匹配的订阅者。一个新的订阅建立时,对每个匹配的主题名,如果存在最近保留的消息,它必须被发送给该订阅者。如果服务端收到一条保留(RETAIN)标志为 1 的 QoS 0 消息，它必须丢弃之前为那个主题保留的任何消息。它应该将这个新的 QoS 0 消息当作那个主题的新保留消息，但是任何时候都可以选择丢弃它——如果这种情况发生了，那个主题将没有保留消息。

服务端发送 PUBLISH 报文给客户端时，如果消息是作为客户端一个新订阅的结果发送，它必须将报文的保留标志设为 1。当一个 PUBLISH 报文发送给客户端是因为匹配一个已建立的订阅时，服务端必须将保留标志设为 0，不管它收到的这个消息中保留标志的值是多少。

保留标志为 1 且有效载荷为零字节的 PUBLISH 报文会被服务端当作正常消息处理，它会被发送给订阅主题匹配的客户端。此外，同一个主题下任何现存的保留消息必须被移除，因此该主题之后的任何订阅者都不会收到一个保留消息。当作正常，即现存的客户端收到的消息中保留标志未被设置。服务端不能存储零字节的保留消息。

如果客户端发给服务端的 PUBLISH 报文的保留标志位 0，服务端不能存储这个消息也不能移除或替换任何现存的保留消息。

（2）剩余长度

剩余长度等于可变报头的长度加上有效负荷的长度。编码方式见 1.3.1.3 节的说明。

2. PUBLISH 报文的可变报头

可变报头按顺序包含主题名和报文标识符。

（1）主题名

主题名（Topic Name）用于识别有效载荷数据应该被发布到哪一个信息通道。

主题名必须是 PUBLISH 报文可变报头的第一个字段。

发布者发送给订阅者的 PUBLISH 报文的主题名必须匹配该订阅的主题（Topic）。说明如表 21.3.28 所列。

表 21.3.28　主题名相关说明

主题名								
	Bit7	Bit6	Bit5	Bit4	Bit3	Bit2	Bit1	Bit0
Byte1	Topic 长度 MSB							
	X	X	X	X	X	X	X	X
Byte2	Topic 长度 LSB							
	X	X	X	X	X	X	X	X
Byte3	主题							
...								
Byte(3＋topicLen)								

（2）报文标识符

只有当 QoS 等级是 1 或 2 时，报文标识符（Packet Identifier）字段才能出现在 PUBLISH 报文中，报文标识符相关说明如表 21.3.29 所列。

表 21.3.29　报文标识符相关说明

	Bit7	Bit6	Bit5	Bit4	Bit3	Bit2	Bit1	Bit0
Byte1	报文标识符 MSB(0)							
	0	0	0	0	0	0	0	0
Byte2	报文标识符 LSB(1)							
	0	0	0	0	0	0	0	1

（表头行：报文标识符）

3. PUBLISH 报文的有效负荷

PUBLISH 报文的有效负荷包含将被发布的应用消息。数据的内容和格式是应用特定的。这里使用的格式为 JSON 数据格式。包含零长度有效载荷的 PUBLISH 报文是合法的。

4. PUBLISH 报文综合

PUBLISH 报文综合如表 21.3.30 所列。

表 21.3.30　PUBLISH 报文综合

	Bit7	Bit6	Bit5	Bit4	Bit3	Bit2	Bit1	Bit0
固定报头								
Byte1	MQTT 数据包类型(3)				DUP	QoS		RETAIN
	0	0	1	1	X	X	X	X
Byte2…	剩余长度							
可变报头								
Byte1	Topic 长度 MSB							
	X	X	X	X	X	X	X	X
Byte2	Topic 长度 LSB							
	X	X	X	X	X	X	X	X
Byte3 … Byte(3＋topiclen)	主题							
如果 QoS 为 1 或者 2，则存在报文标识符								
	Bit7	Bit6	Bit5	Bit4	Bit3	Bit2	Bit1	Bit0

Byte(3+ topiclen+1)	报文标识符 MSB(0)							
	0	0	0	0	0	0	0	0
Byte(3+ topiclen+2)	报文标识符 LSB(1)							
	0	0	0	0	0	0	0	1
	有效负荷							
	Bit7	Bit6	Bit5	Bit4	Bit3	Bit2	Bit1	Bit0
Byte1…N	应用消息							

21.3.8　PUBACK——发布确认

PUBACK 报文是对 QoS 1 等级的 PUBLISH 报文的响应。

1. PUBACK 报文的固定报头

PUBACK 固定报头如表 21.3.31 所列。

表 21.3.31　PUBACK 固定报头

	固定报头							
	Bit7	Bit6	Bit5	Bit4	Bit3	Bit2	Bit1	Bit0
Byte1	MQTT 数据包类型(4)				保留			
	0	1	0	0	0	0	0	0
Byte2	剩余长度(2)							
	0	0	0	0	0	0	1	0

PUBACK 的剩余长度为 2。

2. PUBACK 报文的可变报头

包含等待确认的 PUBLISH 报文的报文标识符。如表 21.3.32 所列。

表 21.3.32　PUBACK 可变报头

	可变报头							
	Bit7	Bit6	Bit5	Bit4	Bit3	Bit2	Bit1	Bit0
Byte1	报文标识符 MSB							
	X	X	X	X	X	X	X	X
Byte2	报文标识符 LSB							
	X	X	X	X	X	X	X	X

注意: CONNACK 报文没有有效负荷。

3. PUBACK 报文综合

PUBACK 报文综合如表 21.3.33 所列。

表 21.3.33　PUBACK 报文综合

	固定报头							
	Bit7	Bit6	Bit5	Bit4	Bit3	Bit2	Bit1	Bit0
Byte1	MQTT 数据包类型(4)				保留			
	0	1	0	0	0	0	0	0
Byte2	剩余长度(2)							
	0	0	0	0	0	0	1	0
	可变报头							
	Bit7	Bit6	Bit5	Bit4	Bit3	Bit2	Bit1	Bit0
Byte3	报文标识符 MSB							
	X	X	X	X	X	X	X	X
Byte4	报文标识符 LSB							
	X	X	X	X	X	X	X	X

21.3.9　PINGREQ——心跳请求

PINGREQ——心跳请求是客户端发送 PINGREQ 报文给服务端的。用于：

① 在没有任何其他控制报文从客户端发给服务端时,告知服务端客户端还活着。

② 请求服务端发送 响应确认它还活着。

③ 使用网络以确认网络连接没有断开。

PINGREQ 固定报头如表 21.3.34 所列。

表 21.3.34　PINGREQ 固定报头

	固定报头							
	Bit7	Bit6	Bit5	Bit4	Bit3	Bit2	Bit1	Bit0
Byte1	MQTT 数据包类型(12)				保留			
	1	1	0	0	0	0	0	0
Byte2	剩余长度(0)							
	0	0	0	0	0	0	0	0

注意:PINGREQ 报文没有可变报头和有效负荷。

服务端必须发送 PINGRESP 报文响应客户端的 PINGREQ 报文。

21.3.10 PINGRESP——心跳响应

服务端发送 PINGRESP 报文响应客户端的 PINGREQ 报文。表示服务端还活着。

PINGRESP 报文的固定报头如表 21.3.35 所列。

表 21.3.35 PINGRESP 固定报头

	固定报头							
	Bit7	Bit6	Bit5	Bit4	Bit3	Bit2	Bit1	Bit0
Byte1	MQTT 数据包类型(13)				保留			
	1	1	0	1	0	0	0	0
Byte2	剩余长度(0)							
	0	0	0	0	0	0	0	0

注意: PINGRESP 报文没有可变报头和有效负荷。

21.3.11 DISCONNECT——断开连接

DISCONNECT 报文是客户端发给服务端的最后一个控制报文。表示客户端正常断开连接。

DISCONNECT 报文的固定报头如表 21.3.36 所列。

表 21.3.36 DISCONNECT 固定报头

	固定报头							
	Bit7	Bit6	Bit5	Bit4	Bit3	Bit2	Bit1	Bit 0
Byte1	MQTT 数据包类型(14)				保留			
	1	1	1	0	0	0	0	0
Byte2	剩余长度(0)							
	0	0	0	0	0	0	0	0

注意: DISCONNECT 报文没有可变报头和有效负荷。

21.4 MQTT 协议接入阿里云规则

目前阿里云支持 MQTT 标准协议接入,兼容 3.1.1 和 3.1 版本协议。

与标准 MQTT 的区别:

① 支持 MQTT 的 PUB、SUB、PING、PONG、CONNECT、DISCONNECT 和 UNSUB 等报文。

② 支持 clean session。

③ 不支持 will、retain msg。

④ 不支持 QoS 2。

⑤ 基于原生的 MQTT Topic 上支持 RRPC 同步模式,服务器可以同步调用设备并获取设备回执结果。

21.5　MQTT 协议例程核心代码

MQTT 协议例程核心代码如下:

```
01    u8txbuf[256] = {0};
02    u8rxbuf[256] = {0};
03
04    //连接成功服务器回应 20 02 00 00
05    //客户端主动断开连接 e0 00
06    const u8 parket_connetAck[] = {0x20,0x02,0x00,0x00};//由于在接收字符时接收到
                                                            '\0'就转变成''来存储,所
                                                            以接收到的回应是 0x20
                                                            02 0x20 0x20
07    const u8 parket_disconnet[] = {0xe0,0x00};
08    const u8 parket_subAck[] = {0x90,0x03};
09    const u8 parket_heart[] = {0xc0,0x00};
10    const u8 parket_heart_reply[] = {0xd0,0x00};//由于在接收字符时接收到'\0'就转
                                                   变成''来存储,所以接收到的回应
                                                   是 0xd0 0x20
11
12    /*
13    **************************************************************
14    * LOCAL FUNCTIONS DECLARE (静态函数声明)
15    **************************************************************
16    */
17    static voidInit(u8 * prx,u16 rxlen,u8 * ptx,u16 txlen);
18    static u8Connect(char * ClientID,char * Username,char * Password);
19    static voidDisconnect(void);
20    static u8SubscribeTopic(char * topic,u8 qos,u8 whether);
21    static u8PublishData(char * topic, char * message, u8 qos);
22    static voidSentHeart(void);
23    static voidSendData(u8 * p,u16 len);
24
25    /*
```

```
26    *********************************************************
27    * LOCAL FUNCTIONS (静态函数)
28    *********************************************************
29    */
30    _typdef_mqtt _mqtt =
31    {
32        0,0,
33        0,0,
34        Init,
35        Connect,
36        Disconnect,
37        SubscribeTopic,
38        PublishData,
39        SentHeart,
40        SendData,
41    };
42
43    static u8BYTE1(int num)
44    {
45        return (u8)((num&0xFF00)>>8);
46    }
47    static u8BYTE0(int num)
48    {
49        return (u8)(num&0xFF);
50    }
51
52    /*
53    *********************************************************
54    * Function: Init
55    * Description: MQTT 初始化
56    * Input: None
57    * Output: None
58    * Return: None
59    * Others: None
60    * Date of completion: 2019 - 11 - 29
61    * Date of lastmodify: 2019 - 11 - 29
62    *********************************************************
63    */
64    static voidInit(u8 * prx,u16 rxlen,u8 * ptx,u16 txlen)
65    {
66        _mqtt.rxbuf = prx;_mqtt.rxlen = rxlen;
```

```
67          _mqtt.txbuf = ptx;_mqtt.txlen = txlen;
68      }
69
70      /*
71      **************************************************
72      * Function: Connect
73      * Description:连接服务器的打包函数
74      * Input: ClientID:客户端标识符
75               Username:用户名
76               Password:密码
77      * Output: None
78      * Return: 1 成功 0 失败
79      * Others: None
80      * Date of completion: 2019 - 11 - 29
81      * Date of lastmodify: 2019 - 11 - 29
82      **************************************************
83      */
84      static uint8_tConnect(char * ClientID,char * Username,char * Password)
85      {
86          int ClientIDLen = strlen(ClientID);
87        int UsernameLen = strlen(Username);
88        int PasswordLen = strlen(Password);
89        int DataLen;
90          _mqtt.txlen = 0;
91        //Variable Header(可变报头) + Payload(有效负荷),每个字段包含两个字节的长
               度标识
92        DataLen = 10 + (ClientIDLen + 2) + (UsernameLen + 2) + (PasswordLen + 2);
93
94          //固定报头
95          //控制报文类型
96        _mqtt.txbuf[_mqtt.txlen ++] = 0x10;              //MQTT 的信息连接类型
97          //剩余长度(不包括固定头部)
98          do
99          {
100             u8 encodedByte = DataLen % 128;
101             DataLen = DataLen / 128;
102             // 如果还有长度值,则将最高位置1
103             if( DataLen > 0 )
104                 encodedByte = encodedByte | 128;
105             _mqtt.txbuf[_mqtt.txlen ++] = encodedByte;
106         }while ( DataLen > 0 );
```

```
107
108        //可变报头
109        //协议名
110        _mqtt.txbuf[_mqtt.txlen++] = 0;          // 协议名最高位大小
111        _mqtt.txbuf[_mqtt.txlen++] = 4;          // 协议名最低位大小
112        _mqtt.txbuf[_mqtt.txlen++] = 'M';        // M 的 ASCII 码值
113        _mqtt.txbuf[_mqtt.txlen++] = 'Q';        // Q 的 ASCII 码值
114        _mqtt.txbuf[_mqtt.txlen++] = 'T';        // T 的 ASCII 码值
115        _mqtt.txbuf[_mqtt.txlen++] = 'T';        // T 的 ASCII 码值
116                                                 //协议级别
117        _mqtt.txbuf[_mqtt.txlen++] = 4;          // MQTT 选择第 4 级保护级别
118                                                 //连接标志
119        _mqtt.txbuf[_mqtt.txlen++] = 0xc2;       // 连接标志
120                                                 //心跳间隔时间
121        _mqtt.txbuf[_mqtt.txlen++] = 0x01;       // 保持连接时的最高位大小
122        _mqtt.txbuf[_mqtt.txlen++] = 0xF4;       // 保持连接时的最低位大小 500S 心
                                                       跳包

123
124        _mqtt.txbuf[_mqtt.txlen++] = BYTE1(ClientIDLen);
                                                 // 客户端的 ID 的最高位大小
125        _mqtt.txbuf[_mqtt.txlen++] = BYTE0(ClientIDLen);
                                                 // 客户端的 ID 的最低位大小
126        memcpy(&_mqtt.txbuf[_mqtt.txlen],ClientID,ClientIDLen);
127        _mqtt.txlen += ClientIDLen;
128
129        if(UsernameLen > 0)
130        {
131          _mqtt.txbuf[_mqtt.txlen++] = BYTE1(UsernameLen);
                                                 // 用户名的最高位大小
132          _mqtt.txbuf[_mqtt.txlen++] = BYTE0(UsernameLen);
                                                 // 用户名的最低位大小
133          memcpy(&_mqtt.txbuf[_mqtt.txlen],Username,UsernameLen);
134          _mqtt.txlen += UsernameLen;
135        }
136
137        if(PasswordLen > 0)
138        {
139          _mqtt.txbuf[_mqtt.txlen++] = BYTE1(PasswordLen);
                                                 // 密码的最高位大小
140          _mqtt.txbuf[_mqtt.txlen++] = BYTE0(PasswordLen);
                                                 // 密码的最低位大小
```

```
141            memcpy(&_mqtt.txbuf[_mqtt.txlen],Password,PasswordLen);
142        _mqtt.txlen + = PasswordLen;
143      }
144
145        //printf("%s",_mqtt.txbuf);
146        _mqtt.SendData(_mqtt.txbuf,_mqtt.txlen);
147
148        u16 time = 0;
149        while(!ESP32rev.RevOver)            //等待传输完成标志
150        {
151            Delayms(1);
152            if(++ time>500)                //超时
153                break;
154        }
155        if(ESP32rev.RevOver)
156        {
157            ESP32rev.RevOver = 0;          //清标志
158            //if(rxbuf[0] == parket_connetAck[0] && rxbuf[1] == parket_
                   connetAck[1])           //连接成功
159            if(ESP32rev.RevBuf[0] == parket_connetAck[0] && ESP32rev.RevBuf
                   [1] == parket_connetAck[1])  //连接成功
160            {
161                return 1;                  //连接成功
162            }
163        }
164
165        return 0;
166
167
168  }
169
170  /*
171  *****************************************************************
172  * Function: SubscribeTopic
173  * Description: MQTT 订阅/取消订阅数据打包并发送
174  * Input: topic 主题
175         qos 消息等级
176         whether    1 订阅/0 取消订阅请求包
177  * Output: None
178  * Return: 1 成功 0 失败
179  * Others: None
```

```
180        * Date of completion: 2019 - 11 - 29
181        * Date of lastmodify: 2019 - 11 - 29
182        ***************************************************************
183        */
184        static u8SubscribeTopic(char * topic,u8 qos,u8 whether)
185        {
186            _mqtt.txlen = 0;
187            int topiclen = strlen(topic);
188
189            int DataLen = 2 + (topiclen + 2) + (whether? 1:0);//可变报头的长度(2 B)
                           加上有效载荷的长度
190            //固定报头
191            //控制报文类型
192            if(whether) _mqtt.txbuf[_mqtt.txlen + +] = 0x82;//消息类型和标志订阅
193            else     _mqtt.txbuf[_mqtt.txlen + +] = 0xA2;      //取消订阅
194
195            //剩余长度
196            do
197            {
198                u8 encodedByte = DataLen % 128;
199                DataLen = DataLen / 128;
200                // if there are more data to encode, set the top bit of this byte
201                if( DataLen > 0 )
202                    encodedByte = encodedByte | 128;
203                _mqtt.txbuf[_mqtt.txlen + +] = encodedByte;
204            }while ( DataLen > 0 );
205
206            //可变报头
207            _mqtt.txbuf[_mqtt.txlen + +] = 0;             //消息标识符 MSB
208            _mqtt.txbuf[_mqtt.txlen + +] = 0x01;          //消息标识符 LSB
209            //有效载荷
210            _mqtt.txbuf[_mqtt.txlen + +] = BYTE1(topiclen); //主题长度 MSB
211            _mqtt.txbuf[_mqtt.txlen + +] = BYTE0(topiclen); //主题长度 LSB
212                memcpy(&_mqtt.txbuf[_mqtt.txlen],topic,topiclen);
213            _mqtt.txlen + = topiclen;
214
215            if(whether)
216            {
217                _mqtt.txbuf[_mqtt.txlen + +] = qos;          //QoS 级别
218            }
219
```

```
220              _mqtt.SendData(_mqtt.txbuf,_mqtt.txlen);
221
222              u16 time = 0;
223              while(! ESP32rev.RevOver)          //等待传输完成标志
224              {
225                  Delayms(1);
226                  if(++time>500)                 //超时
227                      break;
228              }
229              if(ESP32rev.RevOver)
230              {
231                  ESP32rev.RevOver = 0;          //清标志
232                  //if(_mqtt.rxbuf[0] == parket_subAck[0] && _mqtt.rxbuf[1] ==
                        parket_subAck[1])            //订阅成功
233                  if(ESP32rev.RevBuf[0] == parket_subAck[0] && ESP32rev.RevBuf[1]
                        == parket_subAck[1])          //订阅成功
234                  {
235                      return 1;//订阅成功
236                  }
237              }
238
239              return 0;
240
241  }
242
243  /*
244  ********************************************************************
245  * Function: PublishData
246  * Description: MQTT 发布数据打包并发送
247  * Input: topic 主题
248            message 消息
249            qos 消息等级
250  * Output: None
251  * Return:数据包长度
252  * Others: None
253  * Date of completion: 2019 - 11 - 29
254  * Date of lastmodify: 2019 - 11 - 29
255  ********************************************************************
256  */
257  static uint8_tPublishData(char * topic, char * message, uint8_t qos)
258  {
```

```
259        int topicLength = strlen(topic);
260        int messageLength = strlen(message);
261        static u16 id = 0;
262        int DataLen;
263        _mqtt.txlen = 0;
264        //有效载荷的长度这样计算:用固定报头中的剩余长度字段的值减去可变报头
           的长度
265        //QOS 为 0 时没有标识符
266        //数据长度                 主题名    报文标识符    有效载荷
267        if(qos) DataLen = (2 + topicLength) + 2 + messageLength;
268        else    DataLen = (2 + topicLength) + messageLength;
269
270        //固定报头
271        //控制报文类型
272        _mqtt.txbuf[_mqtt.txlen ++ ] = 0x30;      // MQTT 的发布数据类型
273
274        //剩余长度
275        do
276        {
277            u8 encodedByte = DataLen % 128;
278            DataLen = DataLen / 128;
279            //如果还有长度值则将最高位置 1
280            if( DataLen > 0 )
281                encodedByte = encodedByte | 128;
282            _mqtt.txbuf[_mqtt.txlen ++ ] = encodedByte;
283        }while ( DataLen > 0 );
284
285        _mqtt.txbuf[_mqtt.txlen ++ ] = BYTE1(topicLength);      //主题长度 MSB
286        _mqtt.txbuf[_mqtt.txlen ++ ] = BYTE0(topicLength);      //主题长度 LSB
287            memcpy(&_mqtt.txbuf[_mqtt.txlen],topic,topicLength);//复制主题
288        _mqtt.txlen + = topicLength;
289
290        //报文标识符
291        if(qos)
292        {
293            _mqtt.txbuf[_mqtt.txlen ++ ] = BYTE1(id);
294            _mqtt.txbuf[_mqtt.txlen ++ ] = BYTE0(id);
295            id ++ ;
296        }
297            memcpy(&_mqtt.txbuf[_mqtt.txlen],message,messageLength);
298        _mqtt.txlen + = messageLength;
```

```
299
300        _mqtt.SendData(_mqtt.txbuf,_mqtt.txlen);
301        return _mqtt.txlen;
302    }
303
304    /*
305    *********************************************************
306    * Function: SentHeart
307    * Description:发送心跳
308    * Input: None
309    * Output: None
310    * Return: None
311    * Others: None
312    * Date of completion: 2019 - 11 - 29
313    * Date of lastmodify: 2019 - 11 - 29
314    *********************************************************
315    */
316    static voidSentHeart(void)
317    {
318        _mqtt.SendData((u8 *)parket_heart,sizeof(parket_heart));
319    }
320
321    /*
322    *********************************************************
323    * Function: Disconnect
324    * Description:发送 Disconnect 报文
325    * Input: None
326    * Output: None
327    * Return: None
328    * Author: weihaoMo
329    * Others: None
330    * Date of completion: 2019 - 11 - 29
331    * Date of lastmodify: 2019 - 11 - 29
332    *********************************************************
333    */
334    static voidDisconnect(void)
335    {
336        _mqtt.SendData((u8 *)parket_disconnet,sizeof(parket_disconnet));
337    }
338
339    /*
```

```
340         ************************************************
341      * Function：SendData
342      * Description：函数功能：MQTT 数据包发送函数
343      * Input：p 指向待发送的数据包，数据包数据长度
344      * Output：None
345      * Return：None
346      * Others：None
347      * Date of completion：2019－11－29
348      * Date of lastmodify：2019－11－29
349         ************************************************
350      */
351      static voidSendData(u8 * p,u16 len)
352      {
353          while(len－－)
354          {
355              while((ESP32_USART－＞SR & (0X01＜＜7)) == 0);   //等待发送缓冲区为空
356              ESP32_USART－＞DR = * p;//USART1－＞DR = * p;
357              p++;
358          }
359      }
```

第22章

JSON

22.1　何谓 JSON

　　JSON(JavaScript Object Notation)是一种轻量级的数据交换格式。它使得人们很容易进行阅读和编写。同时也方便了机器进行解析和生成。它是基于 JavaScript Programming Language，Standard ECMA‐262 3rd Edition-December 1999 的一个子集。JSON 采用完全独立于程序语言的文本格式，但是也使用了类 C 语言的习惯（包括 C，C++，C#，Java，JavaScript，Perl，Python 等）。这些特性使 JSON 成为理想的数据交换语言。

22.1.1　JSON 的特点

- JSON 是轻量级的文本数据交换格式；
- JSON 独立于语言 *；
- JSON 具有自我描述性，更易理解；
- JSON 语法是 JavaScript 语法的子集；
- JSON 是存储和交换文本信息的语法，类似 XML；
- JSON 比 XML 更小、更快、更易解析。

　　* JSON 使用 JavaScript 语法来描述数据对象，但是 JSON 仍然独立于语言和平台。JSON 解析器和 JSON 库支持许多不同的编程语言。

22.1.2　JSON 格式示例

```
01    {
02
03    "employees":[
04            {
05                    "firstName":"Bill",
06                    "lastName" :"Gates"
07            },
08            {
```

```
09              "firstName":"George",
10              "lastName" :"Bush"
11          },
12          {
13              "firstName":"Thomas",
14              "lastName" :"Carter"
15          }
16      ]
17  }
```

这个 employee 对象是包含 3 个员工记录(对象)的数组。

22.2 JSON 语法

JSON 语法是 JavaScript 语法的子集。
https://www.json.org/

22.2.1 JSON 语法规则

JSON 语法是 JavaScript 对象表示法语法的子集。
- 数据在名称/值对中;
- 数据由逗号分隔;
- 花括号保存对象;
- 方括号保存数组。

22.2.2 JSON 名称/值对

JSON 数据的书写格式:名称/值对。
名称/值对包括字段名称(在双引号中),后面写一个冒号,然后是值:

```
01  "firstName" :"John"
```

这很容易理解,等价于这条 JavaScript 语句:

```
01  firstName = "John"
```

22.2.3 JSON 值

JSON 值可以是:
- 数字(整数或浮点数);
- 字符串(在双引号""中);

- 逻辑值(true 或 false);
- 数组(在方括号[]中);
- 对象(在花括号{}中);
- null。

22.2.4　JSON 值使用示例

1. JSON 字符串

特殊字符可在字符前面加 \ 或使用 \u 加 4 位 16 进制数来处理。

```
01    {"name":"jobs"}
```

2. JSON 布尔

必须是小写的 true 和 false。

```
01    {"bool":true}
```

3. JSON 空

必须是小写的 null。

```
01    {"object":null}
```

4. JSON 数值

不能使用 8/16 进制。

```
01    {"num":60}
02    {"num":-60}
03    {"num":6.6666}
04    {"num":1e+6}<!-- 1乘10的6次方,e不区分大小写 -->
05    {"num":1e-6}<!-- 1乘10的负6次方,e不区分大小写 -->
```

5. JSON 对象

JSON 对象代码如下:

```
01    {
02        "starcraft":{
03            "INC":"Blizzard",
04            "price":60
05        }
06    }
```

6. JSON 数组

JSON 数组代码如下：

```
01    {
02        "person": [
03            "jobs",
04            60
05        ]
06    }
```

7. JSON 对象数组

JSON 对象数组代码如下：

```
01    {
02        "array": [
03            {
04                "name": "jobs"
05            },
06            {
07                "name": "bill",
08                "age": 60
09            },
10            {
11                "product": "war3",
12                "type": "game",
13                "popular": true,
14                "price": 60
15            }
16        ]
17    }
```

22.2.5 JSON 对象

JSON 对象在花括号中书写：

对象可以包含多个名称/值对，代码如下：

```
01{ "firstName":"John" , "lastName":"Doe" }
```

这一点也容易理解，与这条 JavaScript 语句等价，代码如下：

```
01    firstName = "John"
02    lastName = "Doe"
```

22.2.6 JSON 数组

JSON 数组在方括号中书写：

数组可包含多个对象，代码如下：

```
01    {
02        "employees":[
03            {
04                "firstName":"John",
05                "lastName":"Doe"
06            },
07            {
08                "firstName":"Anna",
09                "lastName":"Smith"
10            },
11            {
12                "firstName":"Peter",
13                "lastName":"Jones"
14            }
15        ]
16    }
```

在上面的例子中，对象 "employees" 是包含 3 个对象的数组。每个对象代表一条关于某人（有姓和名）的记录。

22.2.7 JSON 基于两种结构

JSON[1]结构有 2 种结构[2]

JSON 简单说就是 JavaScript 中的对象和数组，所以这 2 种结构就是对象和数组 2 种结构，通过这 2 种结构可以表示各种复杂的结构。

① 对象：对象在 js 中表示为"{}"括起来的内容，数据结构为{key：value，key：value，…}的键值对的结构，在面向对象的语言中，key 为对象的属性，value 为对应的属性值，所以很容易理解，取值方法为对象.key 获取属性值，这个属性值的类型可以是 数字、字符串、数组和对象几种。

② 数组：数组在 js 中是中括号"[]"括起来的内容，数据结构为 ["java"，"javascript"，"vb"，…]，取值方式和所有语言中一样，使用索引获取，字段值的类型可以是 数字、字符串、数组和对象几种。

具体代码如下：

```
01    {
02        "animals": {
03            "dog": [
04                {
05                    "name": "Rufus",
06                    "age":15
07                },
08                {
09                    "name": "Marty",
10                    "age": null
11                }
12            ]
13        }
14    }
```

经过对象、数组2种结构就可以组合成复杂的数据结构了。

名称/值对的集合（A collection of name/value pairs），在不同的编程语言中，它被理解为对象（object），纪录（record），结构（struct），字典（dictionary），哈希表（hash table），有键列表（keyed list）或者关联数组（associative array）。值的有序列表（An ordered list of values），在大部分语言中，它被实现为数组（array），矢量（vector），列表（list）以及序列（sequence）。

这些都是常见的数据结构。目前，绝大部分编程语言都以某种形式支持它们。这使得在各种编程语言之间交换同样格式的数据成为可能。

22.2.8　JSON 数据形式

对象（object）是一个无序的"'名称/值'对"集合。一个对象以"{"（左花括号）开始，以"}"（右花括号）结束。每个"名称"后跟一个"："（冒号）；"'名称/值'对"之间使用"，"（逗号）分隔。

数组（array）是值（value）的有序集合。一个数组以"["（左中括号）开始，以"]"（右中括号）结束。值之间使用"，"（逗号）分隔。

值（value）可以是双引号括起来的字符串（string）、数值（number）、true、false、null、对象（object）或者数组（array）。这些结构可以嵌套。

字符串（string）是由双引号包围的任意数量 Unicode 字符的集合，使用反斜线转义。一个字符（character）即是一个单独的字符串（character string）。

JSON 的字符串（string）与 C 或者 Java 的字符串非常相似。

数值（number）也与 C 或者 Java 的数值非常相似。只是 JSON 的数值没有使用八进制与十六进制格式。同时可以在任意标记之间添加空白。

22.2.9　cJSON

虽然 JSON 起源于 JavaScript 语言,但如今许多编程语言都提供了生成和解析 JSON 格式数据的接口。本文主要介绍 cJSON 库的一般使用方法。

cJSON 是用 C 语言写的一个 JSON 解析库,项目地址 http://sourceforge.net/projects/cjson/,用起来比较简单、方便。

看过 cJSON 的源代码,可以看到实际是使用一个双链表来记录 JSON 数据,然后对这个双链表进行增删改查操作。

cJSON 只有两个文件:cJSON.c、cJSON.h。使用时,可在自己的 test.c 文件中包含 cJSON.h 文件,在编译时,将 test.c 和 cJSON.c 一起编译,即:

```
01    gcc test.c cJSON.c - g - lm - o test
```

cJSON 源码地址为 https://github.com/DaveGamble/cJSON。

1.　移植 cJSON

由于 cJSON 库主要是由一个 c 文件和一个头文件构成,因此可以直接将这两个文件复制到任何需要的地方,只是在编译的时候需要注意包含头文件的路径即可(使用−I 选项指定头文件路径)。

还有一种方法是将 cJSON 库下载到 linux 中,然后使用 cmake 及 make 将相应的头文件及库文件安装到诸如/usr/include/等目录下,具体代码如下:

```
01    edu118@localhost:cjson $ git clone git://github.com/DaveGamble/cJSON.git
02    edu118@localhost:cjson $ mkdir build
03    edu118@localhost:cjson $ cd build
04    edu118@localhost:build $ pwd
05    /home/edu118/work/cjson/build
06    edu118@localhost:build $ cmake ../cJSON/ - DENABLE_CJSON_UTILS = On - DENABLE_
      CJSON_TEST = Off - DCMAKE_INSTALL_PREFIX = /usr
07
08    edu118@localhost:build $ sudo make install
09    [sudo] edu118 的密码:
10    [ 50 % ] Built target cjson
11    [100 % ] Built target cjson_utils
12    Install the project…
13    - - Install configuration: ""
14    - - Installing: /usr/include/cjson/cJSON.h
15    - - Installing: /usr/lib/x86_64 - linux - gnu/pkgconfig/libcjson.pc
```

```
16    - - Installing: /usr/lib/x86_64 - linux - gnu/libcjson. so. 1. 7. 11
17    - - Installing: /usr/lib/x86_64 - linux - gnu/libcjson. so. 1
18    - - Installing: /usr/lib/x86_64 - linux - gnu/libcjson. so
19    - - Installing: /usr/lib/x86_64 - linux - gnu/cmake/cJSON/cjson. cmake
20    - - Installing: /usr/lib/x86_64 - linux - gnu/cmake/cJSON/cjson - noconfig. cmake
21    - - Installing: /usr/lib/x86_64 - linux - gnu/libcjson_utils. so. 1. 7. 11
22    - - Installing: /usr/lib/x86_64 - linux - gnu/libcjson_utils. so. 1
23    - - Installing: /usr/lib/x86_64 - linux - gnu/libcjson_utils. so
24    - - Set runtime path of "/usr/lib/x86_64 - linux - gnu/libcjson_utils. so. 1. 7. 11" to ""
25    - - Installing: /usr/include/cjson/cJSON_Utils. h
26    ……
```

至此,在项目中包含头文件# include ＜cjson/cJSON. h＞ 后就可使用 cJSON
库了。

2. cJSON 数据结构

cJSON 数据结构具体代码如下:

```
01    / * The cJSON structure: * /
02    typedef struct cJSON
03    {
04        / * next/prev allow you to walk array/object chains. Alternatively, use
              GetArraySize/GetArrayItem/GetObjectItem * /
05        struct cJSON * next;
06        struct cJSON * prev;
07        / * An array or object item will have a child pointer pointing to a chain of
              the items in the array/object. * /
08        struct cJSON * child;
09
10        / * The type of the item, as above. * /
11        int type;
12
13        / * The item's string, if type == cJSON_String  and type == cJSON_Raw * /
14        char * valuestring;
15        / * writing to valueint is DEPRECATED, use cJSON_SetNumberValue instead * /
16        int valueint;
17        / * The item's number, if type == cJSON_Number * /
18        double valuedouble;
19
20        / * The item's name string, if this item is the child of, or is in the list of
              subitems of an object. * /
```

```
21        char * string;
22   } cJSON;
```

其中,第 4 个字段:int type;表示此 JSON 条目的类型。但是该类型字段是以位标志(bit-flag)的形式存储的,这就意味着仅通过比较 type 的值是无法判断该条目具体是什么类型的。

所以,针对如下条目类型,cJSON 提供了形如 cJSON_Is…的函数来判断条目的具体类型:

- cJSON_Invalid:表示不包含任何值的无效项。可以使用 cJSON_IsInvalid() 函数来判断。
- cJSON_False:表示一个错误的布尔值。可以使用 cJSON_IsFalse() 或 cJSON_IsBool()函数来判断。
- cJSON_True:表示一个正确的布尔值。可以使用 cJSON_IsTrue() 或 cJSON_IsBool()函数来判断。
- cJSON_NULL:表示一个 null 值。可以使用 cJSON_IsNull()函数来判断。
- cJSON_Number:表示一个数字值。可以使用 cJSON_IsNumber()函数来判断。
- cJSON_String:表示一个字符串值。可以使用 cJSON_IsString()函数来判断。
- cJSON_Array:表示一个数组值。可以使用 cJSON_IsArray()函数来判断。
- cJSON_Object:表示一个对象值。可以使用 cJSON_IsObject()函数来判断。
- cJSON_Raw:表示存储在 valuestring 中以 0 终止的字符数组的任何 JSON。可以使用 cJSON_IsRaw()函数来判断。

此外,还有 cJSON_IsReference 表示引用及 cJSON_StringIsConst 表示 string 指向的是一个常量字符串 2 种类型标志。

3. 使用 cJSON

对每一种值类型来说,cJSON 都提供了相应的形如 cJSON_Create…() 函数来创建它们。这些函数会分配一个 cJSON 结构体,相应地需要使用 cJSON_Delete() 函数来释放 cJSON 结构体所占用的空间。

对 null, booleans, numbers 以及 strings 这些基本类型,相应地有创建函数,代码如下:

```
01   cJSON_CreateNULL();
02   cJSON_CreateTrue(), cJSON_CreateFalse(), cJSON_CreateBool();
03   cJSON_CreateNumber();
04   cJSON_CreateString();
```

（1）对数组（array）类型

① cJSON_CreateArray()函数

用于创建一个空数组,或者使用 cJSON_CreateArrayReference()函数创建一个数组引用。需要注意的是,数组引用中的实际数据不会被 cJSON_Delete()函数释放。

② cJSON_AddItemToArray()函数

用于向数组中添加条目,或者使用 cJSON_AddItemReferenceToArray()函数添加其他的条目（item）、数组（array）、字符串（string）的引用到当前数组中。

③ cJSON_InsertItemInArray()函数

用于向数组中插入一个条目。该函数需要提供插入索引的位置,插入指定位置之后,该位置之后的所有条目需要依次向右移动。

④ cJSON_DetachItemFromArray()函数

用于从给定的索引处取出一个条目。需要注意的是须将该函数取出的返回值赋予一个指针再使用,否则会出现内存泄露。

⑤ cJSON_DeleteItemFromArray()函数

用于删除一个条目。该函数与 cJSON_DetachItemFromArray()类似,不同的是该函数是通过调用 cJSON_Delete()函数来删除分离的条目。

⑥ cJSON_ReplaceItemInArray()函数

用于替换一个给定索引位置的条目,类似的 cJSON_ReplaceItemViaPointer()函数用于替换指针指向的条目。

⑦ cJSON_GetArraySize()函数

用于获取数组大小。

⑧ cJSON_GetArrayItem()函数

用于获取指定索引上的元素。

⑨ 其他。

需要注意的是:因为 cJSON 中的数组的底层是通过链表实现的,如果通过索引来遍历数组效率会很低（$O(n^2)$）,因此 cJSON 提供了宏 cJSON_ArrayForEach 来实现时间复杂度为 $O(n)$ 的遍历数组。

（2）对于对象（objects）类型

① cJSON_CreateObject()函数

用于创建一个空对象,cJSON_CreateObjectReference()函数用于创建一个对象引用。

② cJSON_AddItemToObject()函数

用于向对象中添加一个条目。

③ cJSON_AddItemToObjectCS()函数

用于向名称（name）为常量（constant）或引用（reference）的对象中添加一个条

目,类似的添加函数还有 cJSON_AddStringToObject()、cJSON_AddArrayToObject()、cJSON_AddNumberToObject()等。

④ cJSON_DetachItemFromObjectCaseSensitive()函数

用于从对象中取出一个条目。

⑤ cJSON_DeleteItemFromObjectCaseSensitive()函数

用于删除对象中的一个条目。

⑥ cJSON_ReplaceItemInObjectCaseSensitive()及 cJSON_ReplaceItemViaPointer()函数

可用于替换对象中某个条目。

⑦ cJSON_GetArraySize()函数

用于获取对象的大小。需要注意的是,对象内部是以数组形式存储的。

⑧ cJSON_GetObjectItemCaseSensitive()函数

用来访问对象中的条目。

⑨ cJSON_ArrayForEach 宏

可用于遍历对象。

⑩ cJSON_AddNullToObject()函数

用于快速创建一个新的空条目到对象中。

⑪ 其他。

4. 解析 JSON

使用 cJSON_Parse()函数可以解析以 0 结尾的 JSON 字符串。

5. 打印 JSON

cJSON 库提供了如下打印 JSON 至字符串的函数:

```
01    cJSON_Print();
02    cJSON_PrintUnformatted();
03    cJSON_PrintBuffered();
04    cJSON_PrintPreallocated();
```

6. 示　例

(1) 组装 JSON

使用上述介绍的 cJSON API,组装如下所示的 JSON 串:

```
01    {
02        "name": "MIUI 4K",
03        "resolutions":[
04            {
```

```
05              "width": 1024,
06              "height": 768
07          },
08          {
09              "width": 1280,
10              "height": 1024
11          },
12          {
13              "width": 1920,
14              "height": 1080
15          }
16      ]
17  }
```

createJSON. c 代码如下：

```
01  # include <stdio.h>
02  # include <cjson/cJSON.h>
03
04  char * create_JSON()
05  {
06      char * string = NULL;
07      cJSON * resolutions = NULL;
08      size_t index = 0;
09      const unsigned int resolution_numbers[3][2] = {
10          {1024, 768},
11          {1280, 1024},
12          {1920, 1080}
13      };
14
15      /* 创建 JSON 对象 monitor */
16      cJSON * monitor = cJSON_CreateObject();
17
18      /* 在 monitor 对象中添加第一个子条目("name": "MIUI 4K")，该条目为 string 类型 */
19      if(cJSON_AddStringToObject(monitor, "name", "MIUI 4K") == NULL){
20          fprintf(stderr, "cJSON_AddStringToObject failed\n");
21          cJSON_Delete(monitor);
22          return NULL;
23      }
24
25      /* 在 monitor 对象中添加第二个子条目(resolutions)，该条目为数组类型 */
```

```
26        resolutions = cJSON_AddArrayToObject(monitor, "resolutions");
27        if(resolutions == NULL){
28            fprintf(stderr, "cJSON_AddArrayToObject failed.\n");
29            cJSON_Delete(monitor);
30            return NULL;
31        }
32
33        /* 向 resolutions 数组对象中添加三个子条目 */
34        for(index = 0; index<3; ++ index){
35            /* 1.创建 JSON 对象 resolution */
36            cJSON * resolution = cJSON_CreateObject();
37
38            /* 2.向 resolution 对象中添加子条目("width": 1024) */
39            if(cJSON_AddNumberToObject(resolution, "width", resolution_numbers
              [index][0]) == NULL){
40                fprintf(stderr, "cJSON_AddNumberToObject failed.\n");
41                cJSON_Delete(monitor);
42                return NULL;
43            }
44            /* 3.向 resolution 对象中添加子条目("height": 768) */
45            if(cJSON_AddNumberToObject(resolution, "height", resolution_numbers
              [index][1]) == NULL){
46                fprintf(stderr, "cJSON_AddNumberToObject failed.\n");
47                cJSON_Delete(monitor);
48                return NULL;
49            }
50
51            /* 将 resolution 对象添加到数组 resolutions 中 */
52            cJSON_AddItemToArray(resolutions, resolution);
53        }
54
55        /* 将 JSON 对象写入 string 对象中 */
56        string = cJSON_Print(monitor);
57        if(string == NULL){
58            fprintf(stderr, "Failed to print monitor.\n");
59            cJSON_Delete(monitor);
60            return NULL;
61        }
62
63        /* 释放 cJSON 对象占用的资源 */
64        cJSON_Delete(monitor);
```

```
65        return string;
66    }
67
68    intmain()
69    {
70        char * string;
71        string = create_JSON();
72        printf("string = \n%s\n", string);
73
74        return 0;
75    }
```

编译、运行代码如下：

```
01    [root@localhost demo]# gcc - Wall - g createJSON.c - o createJSON - lcjson
02    edu118@localhost:test $ gcc createJSON.c - o createJSON - lcjson
03    edu118@localhost:test $ ./createJSON
```

输出结果代码如下：

```
01    string =
02    {
03        "name": "MIUI 4K",
04        "resolutions": [{
05                "width":    1024,
06                "height":   768
07            }, {
08                "width":    1280,
09                "height":   1024
10            }, {
11                "width":    1920,
12                "height":   1080
13            }]
14    }
```

（2）解析 JSON

如下示例解析 JSON 串，并判断是否存在{"width":1920，"height":1080}的子条目，parseJSON.c 代码如下：

```
01    # include <stdio.h>
02    # include <cjson/cJSON.h>
```

```
03
04      const char * const monitor = "{\n\
05      \t\"name\":\t\"MIUI 4K\",\n\
06      \t\"resolutions\":\t[{\n\
07      \t\t\t\"width\":\t1024,\n\
08      \t\t\t\"height\":\t768\n\
09      \t\t},{\n\
10      \t\t\t\"width\":\t1280,\n\
11      \t\t\t\"height\":\t1024\n\
12      \t\t},{\n\
13      \t\t\t\"width\":\t1920,\n\
14      \t\t\t\"height\":\t1080\n\
15      \t\t}]\n\
16      }";
17
18      int parse_JSON(const char * const monitor)
19      {
20          const cJSON * resolution = NULL;
21          const cJSON * resolutions = NULL;
22          const cJSON * name = NULL;
23          int ret = 0;
24
25          cJSON * monitor_json = cJSON_Parse(monitor);
26          if (monitor_json == NULL) {
27              const char * error_ptr = cJSON_GetErrorPtr();
28              if (error_ptr ! = NULL) {
29                  fprintf(stderr, "Error before: % s\n", error_ptr);
30              }
31              ret = 0;
32              cJSON_Delete(monitor_json);
33              return ret;
34          }
35
36          name = cJSON_GetObjectItemCaseSensitive(monitor_json, "name");
37          if (cJSON_IsString(name) && (name->valuestring ! = NULL)) {
38              printf("Checking monitor \" % s\"\n", name->valuestring);
39          }
40
41          resolutions = cJSON_GetObjectItemCaseSensitive(monitor_json, "resolutions");
42          cJSON_ArrayForEach(resolution, resolutions) {
43              cJSON * width = cJSON_GetObjectItemCaseSensitive(resolution, "width");
```

```
44          cJSON * height = cJSON_GetObjectItemCaseSensitive(resolution, "height");
45
46          if (! cJSON_IsNumber(width) || ! cJSON_IsNumber(height)) {
47              ret = 0;
48              cJSON_Delete(monitor_json);
49              return ret;
50          }
51          printf("width->valuedouble = % lf, height->valuedouble = % lf\n",
                width->valuedouble, height->valuedouble);
52          if ((width->valuedouble == 1920) && (height->valuedouble == 1080)) {
53              ret = 1;
54              cJSON_Delete(monitor_json);
55              return ret;
56          }
57      }
58
59      cJSON_Delete(monitor_json);
60      return ret;
61  }
62
63  intmain()
64  {
65      int ret = 0;
66      ret = parse_JSON(monitor);
67      printf("ret = % d\n", ret);
68      if (ret == 1) {
69          printf("存在子条目:{\"width\": 1920, \"height\": 1080}\n");
70      }
71
72      return 0;
73  }
```

编译、运行代码如下：

```
01   edu118@localhost:test $ gcc - Wall - g parseJSON.c - o parseJSON - lcjson
02   edu118@localhost:test $ ./parseJSON
```

输出结果代码如下：

```
01   Checking monitor "MIUI 4K"
02   width->valuedouble = 1024.000000, height->valuedouble = 768.000000
```

```
03    width->valuedouble = 1280.000000, height->valuedouble = 1024.000000
04    width->valuedouble = 1920.000000, height->valuedouble = 1080.000000
05    ret = 1
06    存在子条目:{"width": 1920, "height": 1080}
```

7. 其 他

本文主要介绍并总结了 cJSON 的一般使用方法,如需深入学习请参考文末所列的参考文献。

22.3　JSON 标准

22.3.1　RFC4627

Theapplication/json Media Type for JavaScript Object Notation (JSON)

22.3.2　发布日期

2006 年 7 月

22.3.3　最后修订

2010 年 7 月

22.3.4　作者信息

Douglas Crockford
JSON.org
EMail: douglas@crockford.com
最新版' RFC4627 '下载
RFC4627 TXT 版 RFC4627 PDF 版

第23章

ESP32 接入阿里云平台设备

23.1　ESP32 固件烧录

23.1.1　硬件准备

硬件原理如图 23.1.1 所示。

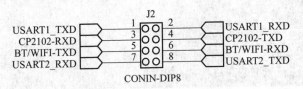

图 23.1.1　ESP32 硬件原理图

用跳线帽短接"CP2102-RXD 与 BT/WIFI-TXD"，"CP2102-TXD 与 BT/WIFI-RXD"。如图 23.1.2 所示。

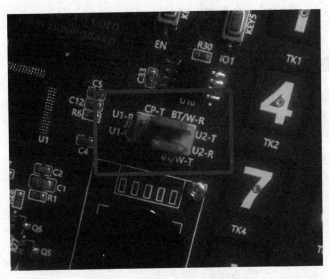

图 23.1.2　跳线帽连接图

用数据线连接计算机并通上电,如图 23.1.3 所示。

图 23.1.3　数据线连接上电

23.1.2　固件准备

打开"SmartLockV2\软件工具\ESP32 固件\ESP32_AT",找到"ESP32_AT.bin",准备好。

23.1.3　烧　录

打开"SmartLockV2\软件工具\ESP32 固件烧录工具\flash_download_tools_v3.6.6",双击打开"flash_download_tools_v3.6.6.exe",单击 ESP32 DownloadTool 按钮,如图 23.1.4 所示。

并按照信息配置,如图 23.1.5 所示。

单击"START"按钮开始烧录:等待烧录完成。

按下"EN"键出现如下 ready 字眼即可。

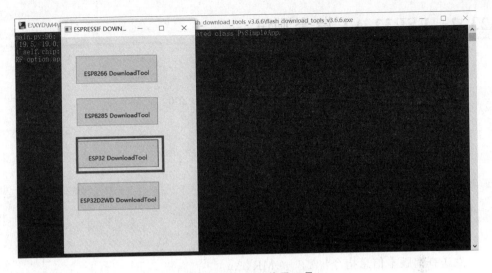

图 23.1.4 打开烧录工具

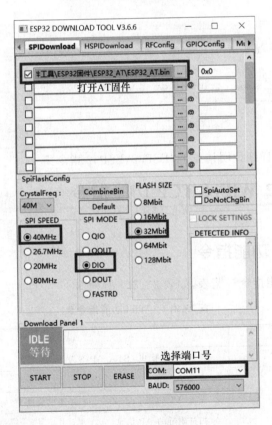

图 23.1.5 配置信息

23.2　ESP32 AT 指令测试

注意：

① 正常启动后，把串口助手的波特率改为 115 200。

② AT 指令必须大写，以回车换行符结尾"\r\n"。

发送 AT 测试指令：AT\r\n

回复：

```
01    AT
02
03    OK
```

发送查询版本信息指令：AT+GMR\r\n

回复：

```
01    AT + GMR
02    AT version:1.1.b1.0(493f1dd － Nov 27 2017 06:44:24)
03    SDK version:v3.0 - dev - 1248 - g7e8c2a9
04    compile time:Dec  4 2017 15:04:56
05
06    OK
```

更多的指令及详细说明请查询"ESP32\ESP32 指令集. pdf"。

23.3　ESP32 WiFi&TCP 功能指令

23.3.1　WiFi 功能指令

基础 WiFi 功能指令一览表，如表 23.3.1 所列。

表 23.3.1　WiFi 功能指令表

指　令	说　明
AT+CWMODE	设置 WiFi 模式（STA/AP/STA+AP）
AT+CWJAP	连接 AP
AT+CWLAPOPT	设置 AT+CWLAP 指令扫描结果的属性
AT+CWLAP	扫描附近的 AP 信息
AT+CWQAP	与 AP 断开连接

指　令	说　明
AT+CWSAP	设置 ESP32 SoftAP 配置
AT+CWLIF	获取连接到 ESP32 SoftAP 的 Station 的信息
AT+CWDHCP	设置 DHCP
AT+CWDHCPS	设置 ESP32 SoftAP DHCP 分配的 IP 范围,保存到 Flash
AT+CWAUTOCONN	设置上电时是否自动连接 AP
AT+CWSTARTSMART	开始 SmartConfig
AT+CWSTOPSMART	停止 SmartConfig
AT+WPS	设置 WPS 功能
AT+CWHOSTNAME	设置 ESP32 station 主机名称
AT+MDNS	MDNS 功能

ESP32 有 3 种功能模式:

① station 模式(客户端模式)

在此模式下,模块相当于一个客户端,可以链接到其他路由器发出的 WiFi 信号。

② softAP 模式(软路由模式)

在此模式下,模块本身相当于一个路由器,其他设备可以链接到该模块发送的信号。

③ station+softAP 模式(混合模式)

在此模式下,模块可在与其他设备链接的同时还可以充当路由器,是上面两种模式的综合模式。

本文只介绍 station 模式的使用,需要用到的 AT 指令详细说明如下:

① AT+CWMODE,说明如图 23.3.1 所示。

指　令	测试指令: AT+CWMODE=?	查询指令: AT+CWMODE? 功能:查询 ESP32 当前 WiFi 模式	设置指令: AT+CWMODE=<mode> 功能:设置 ESP32 当前 WiFi 模式
响　应	+CWMODE:<mode>取值列表 OK	+CWMODE:<mode> OK	OK
参数说明	<mode>: ▶ 0:无 WiFi 模式,并且关闭 WiFi RF * ▶ 1:Station 模式 ▶ 2:SoftAP 模式 ▶ 3:SoftAP+Station 模式		
注　意	本设置将保存在 NVS 区		
示　例	AT+CWMODE=3		

图 23.3.1　AT+CWMODE

② AT＋CWJAP,说明如图 23.3.2 所示。

指　令	查询指令: AT＋CWJAP? 功能:查询 ESP32 Station 已连接的 AP 信息	设置指令: AT＋CWJAP＝＜ssid＞,＜pwd＞[,＜bssid＞] 功能:设置 ESP32 Station 需连接的 AP
响　应	＋CWJAP:＜ssid＞,＜bssid＞,＜channel＞, ＜rssi＞ OK	OK 或者 ＋CWJAP:＜error code＞ ERROR
参数说明	• ＜ssid＞:字符串参数,AP 的 SSID • ＜bssid＞:AP 的 MAC 地址 • ＜channel＞:信道号 • ＜rssi＞:信号强度	• ＜ssid＞:目标 AP 的 SSID • ＜pwd＞:密码最长 64 B ASCII • [＜bssid＞]:目标 AP 的 MAC 地址,一般用于有多个 SSID 相同的 AP 的情况 • ＜error code＞:(仅供参考,并不可靠) ▶ 1:连接超时 ▶ 2:密码错误 ▶ 3:找不到目标 AP ▶ 4:连接失败 ▶ 其他值:未知错误 参数设置需要开启 Station 模式,若 SSID 或者 password 中含有特殊符号,例如,或者"或者\时,需要进行转义,其他字符转义无效

提示信息	//If ESP32 station connects to an AP,it will prompt messages:
	WIFI CONNECTED
	WIFI GOT IP
	//If the WiFi connection ends,it will prompt messages:
	WIFI DISCONNECT	

注　意	本设置将保存在 NVS 区	
示　例	AT＋CWJAP="abc","0123456789" 例如,目标 AP 的 SSID 为"ab\,c",password 为"0123456789"\",则指令如下: AT＋CWJAP="ab\\\,c","0123456789"\"\\" 如果有多个 AP 的 SSID 均为"abc",可通过 BSSID 确定目标 AP: AT＋CWJAP="abc","0123456789","ca:d7:19:d8:a6:44"	

图 23.3.2　AT＋CWJAP 说明

23.3.2　TCP 功能指令

TCP 指令一览表，如表 23.3.2 所列。

表 23.3.2　TCP 指令表

指　令	说　明
AT+CIPSTATUS	查询网络连接信息
AT+CIPDOMAIN	域名解析功能
AT+CIPDNS	自定义 DNS 服务器
AT+CIPSTAMAC	设置 ESP32 Station 的 MAC 地址
AT+CIPAPMAC	设置 ESP32 SoftAP 的 MAC 地址
AT+CIPSTA	设置 ESP32 Station 的 IP 地址
AT+CIPAP	设置 ESP32 SoftAP 的 IP 地址
AT+CIPSTART	建立 TCP 连接，UDP 传输或者 SSL 连接
AT+CIPSSLCCONF	配置 SSL Client
AT+CIPSEND	发送数据
AT+CIPSENDEX	发送数据，达到设置长度，或者遇到字符 \0，则发送数据
AT+CIPCLOSE	关闭 TCP/UDP/SSL 传输
AT+CIFSR	查询本地 IP 地址
AT+CIPMUX	设置多连接模式
AT+CIPSERVER	设置 TCP 服务器
AT+CIPSERVERMAXCONN	设置 TCP 服务器允许的最大连接数
AT+CIPMODE	设置透传模式
AT+SAVETRANSLINK	保存透传连接到 Flash
AT+CIPSTO	设置 ESP32 作为 TCP 服务器时的超时时间
AT+CIUPDATE	通过 WiFi 升级软件
AT+CIPDINFO	接收网络数据时，+IPD 是否提示对端 IP 和端口
AT+CIPSNTPCFG	设置时域和 SNTP 服务器
AT+CIPSNTPTIME	查询 SNTP 时间
AT+PING	Ping 功能

需要用到的 TCP 功能指令如下：

① AT+CIPMODE，说明如图 23.3.3 所示。

指　令	查询指令: AT+CIPMODE? 功能:查询传输模式	设置指令: AT+CIPMODE=<mode> 功能:设置传输模式
响　应	+CIPMODE:<mode> OK	OK
参数说明	<mode>: ▶ 0:普通传输模式 ▶ 1:透传模式,仅支持 TCP/SSL 单连接和 UDP 固定通信对端的情况	
注　意	• 本设置不保存到 Flash。 • 透传模式传输时,如果连接断开,ESP32 会不停尝试重连,此时单独输入+++退出透传,则停止重连;普通传输模式则不会重连,提示连接断开。 • WiFi 透传与 BLE 功能无法共存,因此,使能透传模式之前,请关闭 BLE 功能(AT+BLEINIT=0)	
示　例	AT+CIPMODE=1	

图 23.3.3　T+CIPMODE 说明

② AT+CIPSTART,说明如图 23.3.4 所示。

设置指令	TCP 单连接(AT+CIPMUX=0)时: AT+CIPSTART=<type>,<remote IP>,<remote port>[,<TCP keep alive>]	TCP 多连接(AT+CIPMUX=1)时: AT+CIPSTART=<link ID>,<type>,<remote IP>,<remote port>[,<TCP keep alive>]
响　应	OK	
参数说明	• <link ID>:网络连接 ID(0~4),用于多连接的情况 • <type>:字符串参数,连接类型,"TCP","UDP"或"SSL" • <remote IP>:字符串参数,远端 IP 地址 • <remote port>:远端端口号 • [<TCP keep alive>]:选填参数,TCP keep-alive 侦测时间,默认关闭此功能,建议自行设置开启此功能。 ▶ 0:关闭 TCP keep-alive 功能 ▶ 1~7 200:侦测时间,单位为 1 s	
提示信息	//TCP 传输建立后返回以下信息: [<link ID>,]CONNECT //TCP 传输结束后返回以下信息: [<link ID>,]CLOSED	
注　意	建议创建 TCP 连接时,开启 keep-alive 功能	
示　例	AT+CIPSTART="TCP","iot.espressif.cn",8000 AT+CIPSTART="TCP","192.168.101.110",1000 详情请参考第 9 章 AT 指令使用示例	

图 23.3.4　AT+CIPSTART 说明

③ AT＋CIPSEND,说明如图 23.3.5 所示。

指　令	设置指令: 1. 单连接时:(AT＋CIPMUX＝0) 　　AT＋CIPSEND＝＜length＞ 2. 多连接时:(AT＋CIPMUX＝1) 　　AT ＋ CIPSEND ＝ ＜ link ID ＞, ＜length＞ 3. 如果是 UDP 传输,可以设置远端 IP 和端口: 　　AT＋CIPSEND＝[＜link ID＞,]＜length＞[,＜remote IP＞,＜remote port＞] 功能:在普通传输模式时,设置发送数据的长度	执行指令: AT＋CIPSEND 功能:在透传模式时,开始发送数据
响　应	发送指定长度的数据。 收到此命令后先换行返回＞,然后开始接收串口数据,当数据长度满 length 时发送数据,回到普通指令模式,等待下一个 AT 指令。 如果未建立连接或连接被断开,返回: ERROR 如果数据发送成功,返回: SEND OK 如果数据发送失败,返回: SEND FAIL	收到此命令后先换行返回＞。 进入透传模式发送数据,每包最大 2 048 B,或者每包数据以 20 ms 间隔区分。 当输入单独一包＋＋＋时,返回普通 AT 指令模式。发送＋＋＋退出透传时,请至少间隔 1 s 再发下一条 AT 指令。 本指令必须在开启透传模式以及单连接下使用。 若为 UDP 透传,指令 AT＋CIPSTART 参数＜UDP mode＞必须为 0
参数说明	● ＜link ID＞:网络连接 ID(0～4),用于多连接的情况 ● ＜type＞:数字参数,表明发送数据的长度,最大长度为 2 048 ● [＜remote IP＞]:UDP 传输可以设置对端 IP ● [＜remote port＞]:UDP 传输可以设置对端端口	
示　例	详情请参考第 9 章 AT 指令使用示例	

图 23.3.5　AT＋CIPSEND 说明

23.4 ESP32 接入阿里云

传输控制协议(Transmission Control Protocol,TCP)是基于连接的协议,也就是说,在正式收发数据前必须和对方建立可靠的连接。一个 TCP 连接必须要经过 3 次"握手"才能建立起来。

TCP 协议能为应用程序提供可靠的通信连接,使一台计算机发出的字节流无差错地发往网络上的其他计算机,对可靠性要求高的数据通信系统往往使用 TCP 协议传输数据。

以下示例为 ESP32 在 station 模式下作为 TCP client 连接阿里云服务器并实现透传。

- 配置 WiFi 模组工作模式为单 STA 模式

指令:AT+CWMODE_DEF=1

响应:AT+CWMODE_DEF=1

    OK

- 连接路由器

指令:AT+CWJAP="yhzx","07978082388"

响应:AT+CWJAP="yhzx","07978082388"

    I(3462426) wifi:n:2 0, o:2 0, ap:255 255, sta:2 0, prof:1

    I(3464416) wifi:state:init —> auth (b0)

    I(3464425) wifi:state:auth —> assoc (0)

    I(3464444) wifi:state:assoc —> run (10)

    I(3464460) wifi:connected with yhzx, channel 2

    WIFI CONNECTED

    [0;32mI(3466532) event:sta ip:172.16.0.222, mask:255.255.254.0, gw:172.16.1.254[0m

    WIFI GOT IP

    OK

    I(3467445) wifi:pm start, type:0

- 连接 TCP 服务器

指令:AT + CIPSTART = "TCP"," a1jGomayPQs. iot — as — mqtt. cn — shanghai. aliyuncs. com",1883

响应:AT + CIPSTART = "TCP"," a1jGomayPQs. iot — as — mqtt. cn — shanghai. aliyuncs. com",1883

    CONNECT

    OK

- 开启透传模式传输数据

指令：AT+CIPMODE=1

响应：OK

- 发送数据

指令：AT+CIPSEND

响应：>

利用串口助手逐条发送 AT 指令，如图 23.4.1 所示。

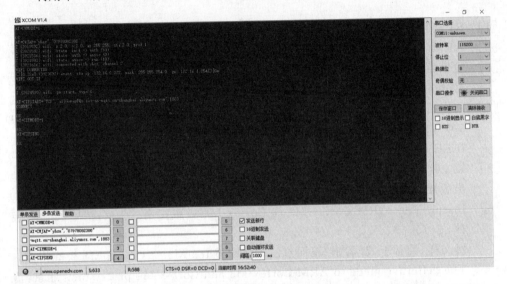

图 23.4.1　串口助手发送 AT 指令

参考代码：示例代码"ESP32 连接阿里云进入透传"。需要把代码里的 WiFi 名称和密码更改成自己的。至此，已经连接上阿里云服务器，并且开启了 TCP 透传。

23.5　ESP32-MQTT 接入阿里云

前提：设备已经连接阿里云服务器，并且开启了 TCP 透传。

使用"mqtt.c"文件中的 Connect 函数完成连接。

参 考 文 献

［1］ ST. STM32F4XX 中文参考手册［M］. Joseph Yiu，1990.

［2］ ARM. CORTEX M3 与 M4 权威指南［M］. Joseph Yiu，1989.

［3］ 百度百科词条"JSON"：https://baike. baidu. com/item/JSON/2462549？fr＝aladdin.

［4］ Rao K，Vaghela D J，Gojiya M V . Implementation of SPWM technique for 3-Φ VSI using STM32F4 discovery board interfaced with MATLAB［C］// IEEE International Conference on Power Electronics. IEEE，2017.

［5］ 姚文祥. ARM Cortex-M3 与 Cortex-M4 权威指南［M］，3 版. 北京：清华大学出版社，2015.

［6］ Joseph Yiu. ARM Cortex M3 与 Cortex-M4 权威指南. 北京：清华大学出版社，2015.

［7］ 姚文祥，吴常玉，曹孟娟，王丽红. ARM Cortex-M3 与 Cortex-M4 权威指南： The definitive guide to ARM Cortex-M3 and Cortex-M4 processors. 北京：清华大学出版社，2015.